《中国道路的深圳样本》系列丛书

深圳
科技创新之路

王苏生 陈搏 等著

Shenzhen Keji Chuangxin Zhilu

中国社会科学出版社

图书在版编目（CIP）数据

深圳科技创新之路/王苏生等著. —北京：中国社会科学出版社，2018.11（2019.12 重印）

ISBN 978 - 7 - 5203 - 3110 - 4

Ⅰ.①深⋯ Ⅱ.①王⋯ Ⅲ.①科学研究事业—发展—研究—深圳 Ⅳ.①G322.765.3

中国版本图书馆 CIP 数据核字（2018）第 204637 号

出 版 人	赵剑英
责任编辑	王 茵 马 明
责任校对	胡新芳
责任印制	王 超
出　　版	中国社会科学出版社
社　　址	北京鼓楼西大街甲 158 号
邮　　编	100720
网　　址	http://www.csspw.cn
发 行 部	010 - 84083685
门 市 部	010 - 84029450
经　　销	新华书店及其他书店
印刷装订	北京君升印刷有限公司
版　　次	2018 年 11 月第 1 版
印　　次	2019 年 12 月第 2 次印刷
开　　本	710×1000　1/16
印　　张	15.5
字　　数	247 千字
定　　价	66.00 元

凡购买中国社会科学出版社图书，如有质量问题请与本社营销中心联系调换
电话：010 - 84083683
版权所有　侵权必究

《中国道路的深圳样本》
系列丛书编委会

主　　任　李小甘

副 主 任　吴定海

编　　委（以姓氏笔画数为序）

　　　　　王为理　王苏生　车秀珍　陈少兵
　　　　　吴　忠　杨　建　张骁儒　陶一桃
　　　　　莫大喜　路云辉　魏达志

《中国道路的深圳样本》系列丛书序言

编委会

今年是中国改革开放40周年。前不久,习近平总书记视察广东时强调,改革开放是党和人民大踏步赶上时代的重要法宝,是坚持和发展中国特色社会主义的必由之路,是决定当代中国命运的关键一招,也是决定实现"两个一百年"奋斗目标、实现中华民族伟大复兴的关键一招。① 40年前,我们党团结带领人民进行改革开放新的伟大革命,坚持解放思想、实事求是、与时俱进、求真务实,不断革除阻碍发展的各方面体制机制弊端,开辟了中国特色社会主义道路,取得世人瞩目的历史性成就。40年来,中国发生了翻天覆地的变化,GDP年均增长约9.5%,对外贸易额年均增长14.5%,成为世界第二大经济体、第一大工业国、第一大货物贸易国、第一大外汇储备国,在经济、政治、文化、社会、生态文明、党的建设等各个领域取得了长足进步。实践证明,改革开放是推进社会主义制度自我完善与发展的另一场革命,是当代中国发展进步的活力之源,为实现中华民族伟大复兴提供了强大的历史动力,成为中国当代波澜壮阔历史的精彩华章。

---

① 参见《习近平在广东考察时强调:高举新时代改革开放旗帜 把改革开放不断推向深入》,2018年10月25日,中华人民共和国中央人民政府网(http://www.gov.cn/xinwen/2018-10/25/content_5334458.htm)。

谈及改革开放,就不能不提到深圳。因为深圳经济特区本身就是改革开放的历史产物,也是改革开放的伟大创举和标志性成果。短短40年,深圳从落后的边陲农业县迅速发展成为一座充满魅力和活力的现代化国际化创新型大都市,GDP年均增速达22.2%,2017年为2.24万亿元,居国内城市第三位、全球城市三十强;地方财政收入年均增长29.7%,2017年为3332.13亿元,居国内城市第三位;2017年外贸出口总额达1.65万亿元,连续25年位居国内城市首位;人口规模从30多万人迅速扩容为实际管理人口超过2000万人。可以说,深圳经济特区创造了世界工业化、城市化、现代化的奇迹,也印证了中国改革开放伟大国策的无比正确性。在深圳身上,蕴含了解读中国、广东改革开放之所以成功的密码。就此而言,对深圳的研究与对中国、广东改革开放的研究,形成了一种历史的同构关系。作为一座年轻城市,深圳在近40年来的快速发展中,一直致力于对中国现代化道路的探索,这既包括率先建立和发展社会主义市场经济体制,从而对全国的经济改革和经济发展发挥"试验田"的先锋作用;也包括其本身的经济、政治、文化、社会、生态文明、党的建设等各个方面所取得的长足进展,从而积累了相当丰富的城市发展和社会治理经验。

在改革开放40周年之际,全面总结深圳改革开放以来的发展道路及其经验模式,既有相当重要的当下价值,对中国未来改革开放的进一步深化也具有非常深远的重要意义。2018年10月,习近平总书记在视察广东时专门强调:"党的十八大后我考察调研的第一站就是深圳,改革开放40周年之际再来这里,就是要向世界宣示中国改革不停顿、开放不止步,中国一定会有让世界刮目相看的新的更大奇迹。"① 总结好改革开放经验和启示,不仅是对40年艰辛探索和实践的最好庆祝,而且能为新时代推进中国特色社会主义伟大事业提供强大动力。要不忘改革开放初心,认真总结改革开放40年成功经验,立足自身优势、创造更多经验,在更高起点、更高层次、更高目标上推进改革开放,提升改革开放质量和水平,把改革

---

① 《习近平在广东考察时强调:高举新时代改革开放旗帜 把改革开放不断推向深入》,2018年10月25日,中华人民共和国中央人民政府网(http://www.gov.cn/xinwen/2018-10/25/content_5334458.htm)。

开放的旗帜举得更高更稳。

为深入贯彻习近平新时代中国特色社会主义思想和党的十九大精神，贯彻落实习近平总书记重要讲话精神，庆祝改革开放40周年，总结深圳改革开放以来先行先试、开拓创新的经验和做法，系统概括深圳发展道路、发展模式及其对全国的示范意义，在深圳市委常委、宣传部部长李小甘同志的亲自部署和直接推动下，市委宣传部与市社科联联合编纂了《中国道路的深圳样本》丛书。这套丛书由《深圳改革创新之路（1978—2018）》《深圳党建创新之路》《深圳科技创新之路》《深圳生态文明建设之路》《深圳社会建设之路》《深圳文化创新之路》《未来之路——粤港澳大湾区发展研究》7本综合性、理论性著作构成，涵盖了经济建设、科技创新、文化发展、社会建设、生态文明建设、党的建设、粤港澳大湾区建设等众多领域，具有较高的学术性、宏观性、战略性、前沿性和原创性，特别是突出了深圳特色，不仅对于讲好改革开放的深圳故事、全方位宣传深圳有相当重要的作用，而且对于丰富整个中国改革开放历史经验无疑也具有非常重要的价值。

深圳改革开放的道路是中国改革开放道路的精彩缩影，深圳改革开放取得的成功也是中国成功推进改革开放伟大事业的突出样本。深圳的发展之路及其经验表明，坚持中国特色社会主义道路，不断深化改革开放，既是广东、深圳继续走在全国前列的重要保障，也是党和国家在新形势下不断取得一个又一个成果，实现中华民族伟大复兴的根本保证。而深圳作为践行中国特色社会主义"四个自信"的城市样本，它在改革开放40年所走的历程和取得的成果，是一个古老民族和国家在历经百年磨难之后，凤凰涅槃般重新焕发青春活力的一种确证，是一个走向复兴的民族国家从站起来到富起来、强起来伟大飞跃的生动实践。

站在改革开放40周年的历史节点，重温深圳改革开放的发展道路与国家转型的当代历史，在新的形势下，不忘初心、牢记使命，以新担当新作为不断开创深圳改革开放事业新局面，正是深圳未来继续坚持中国特色社会主义道路、继续为国家改革开放探路的历史使命之所系。正如广东省委常委、深圳市委书记王伟中同志所提出的，要高举新时代改革开放旗帜，大力弘扬敢闯敢试、敢为人先、埋头苦干的特区精神，把走在最前列、勇当尖兵作为不懈追求，推动思想再解放、改革再深入、工作再落实，打造新时代全面深化改革开放的新标杆，把经济特区这块"金字招牌"擦得更亮，朝着建设中国特色社会主义先行示范区的方向前行，努力创建社会主义现代化强国的城市范例。这一新目标也是深圳在新时代、新征程中肩负的重大历史使命，因此，应勇于担当、凝心聚力，奋发有为、开拓创新，继续深化改革、扩大开放，努力为实现中华民族伟大复兴中国梦作出新的更大贡献。

是为序。

2018 年 10 月

目　　录

导　论 …………………………………………………………（1）

第一章　中国"硅谷"成长历程与模式创新 ………………（8）
　第一节　中国"硅谷"——深圳创新发展另辟蹊径 …………（8）
　第二节　中国"硅谷"——深圳科技成长历程 ………………（9）
　　一　初创阶段：开放包容促进经济发展 ……………………（10）
　　二　发展阶段：创新制度助力技术升级 ……………………（14）
　　三　嬗变阶段：完善体系强化自主创新 ……………………（20）
　　四　提质阶段：夯实基础支撑创新引领 ……………………（23）
　第三节　科技创新深圳模式的关键要素 ………………………（27）
　　一　坚持企业主体　激励自主创新 …………………………（27）
　　二　坚持市场导向　推动产业升级 …………………………（28）
　　三　坚持制度变革　优化创新环境 …………………………（28）
　　四　坚持创新至上　确保创新活力 …………………………（30）
　　五　坚持人才优先　保障创新供给 …………………………（32）
　　六　坚持载体建设　提升创新平台 …………………………（34）
　　七　坚持知识共享　丰富创新资源 …………………………（36）
　　八　坚持资本力量　助推创新转化 …………………………（38）

第二章　开放式多样性强竞争的综合创新生态体系 ……（40）
　第一节　科技创新生态体系理论与实践 ………………………（40）

一　科技创新生态体系创建实践 …………………………………（40）
　　二　科技创新生态体系理论研究 …………………………………（42）
　　三　科技创新生态体系基本特征 …………………………………（43）
第二节　科技创新生态体系各种群的功能及其演化机制 …………（47）
　　一　科技创新人才种群 ……………………………………………（47）
　　二　科技创新载体种群 ……………………………………………（49）
　　三　科技创新产业种群 ……………………………………………（51）
　　四　科技金融种群 …………………………………………………（52）
第三节　深圳"科技创新生态体系"的主要优势 …………………（54）
　　一　综合创新能力提升快 …………………………………………（54）
　　二　引领式创新成果不断涌现 ……………………………………（57）
　　三　创新载体建设提质增量 ………………………………………（58）
　　四　创新人才集聚能力显著增强 …………………………………（59）
　　五　企业占据自主创新主体地位 …………………………………（61）
　　六　创新群落生机盎然 ……………………………………………（63）

第三章　深圳科技产业：从"引进"到"引领" ……………（66）
第一节　科技产业发展历程及现状 …………………………………（66）
　　一　深圳科技产业发展历程 ………………………………………（67）
　　二　深圳科技产业发展现状 ………………………………………（70）
　　三　深圳科技产业发展特点 ………………………………………（73）
第二节　助力科技产业的深圳经验——市场机制和政府
　　　　政策角度 ……………………………………………………（75）
　　一　政府有形的"手"做好顶层设计 ……………………………（75）
　　二　政府围绕产业需求提供服务 …………………………………（77）
　　三　市场配置产业发展所需要的资源 ……………………………（79）
　　四　企业自由竞争谋求发展 ………………………………………（81）
第三节　深圳科技产业的未来发展 …………………………………（83）
　　一　引领式创新带动科技产业发展 ………………………………（83）
　　二　多个科技产业集群相互支撑发展 ……………………………（84）

三　与周边城市产业协调发展 ……………………………… （85）
四　产业企业向高科技服务业发展 …………………………… （85）
五　产业生态体系进一步完善 ………………………………… （86）

第四章　深圳科技载体：从"铁皮房"到"高大上" ………… （87）
第一节　深圳创新载体生态体建设成果 ……………………… （87）
一　大学：创新人才和成果培养载体从0到20 …………… （88）
二　工程技术中心：产业技术研发载体达到569家 ……… （89）
三　重点实验室：源头创新载体平地崛起 …………………… （90）
四　虚拟大学园：产学研合作创新载体探索成功 ………… （92）
五　技术服务平台：科技创新服务载体质量国内领先 …… （92）
六　重大科技基础设施：科技前沿创新载体实现零突破 … （93）
七　科技企业孵化器和众创空间：创新创业载体享誉全球 … （94）
八　科技创新载体已自成体系：整体创新能力快速跃升 … （96）

第二节　深圳创新载体建设的新模式 ………………………… （97）
一　加强政府顶层设计，保障载体规范有序 ………………… （97）
二　强化企业创新载体建设，激活科技创新活力 ………… （98）
三　引进大院名校资源，共建科技创新载体 ………………… （99）
四　探索载体建设新模式，提升科技创新效率 …………… （101）
五　布局前沿科技领域，加强国际科技合作 ……………… （104）

第三节　深圳创新载体建设未来展望 ………………………… （106）
一　高等教育跨越式发展，多所高校入选"双一流" …… （106）
二　拓展升级双创空间，释放全民创新创业活力 ………… （107）
三　载体建设模式多元化，源头创新能力显著提升 ……… （108）
四　打造高水平创新载体，积极布局未来科技领域 ……… （108）

第五章　深圳科技金融：从"复制"到"突破" ……………… （109）
第一节　深圳科技金融在学习中成长、在探索中成就 ……… （110）
一　三阶段从无到有打造一流科技金融生态 ……………… （110）
二　高效的科技金融体系助推科技创新产业发展 ………… （113）

第二节 深圳科技金融发展中的有益探索 ……………………（117）
  一 构建完善的政策法规体系，提供全方位制度保障 ………（117）
  二 自上而下创立三级管理制度，加强服务体系建设 ………（119）
  三 创新财政投入方式，撬动社会资本助力科技创新 ………（120）
  四 政企合作大力发展科技信贷，拓宽间接融资渠道 ………（122）
  五 引导创业风险投资发展，多方资本助推创新创业 ………（125）
  六 鼓励科技金融产品创新，完善科技金融的新业态 ………（127）

第三节 深圳科技金融发展展望 ……………………………………（129）
  一 科技金融体系建设系统化和均衡化 ………………………（129）
  二 科技金融产品和服务成熟化 ………………………………（130）
  三 数据驱动搭建科技金融服务平台 …………………………（130）

第六章 深圳科技人才：从"人才荒地"到"人才旺地" ………（131）
第一节 深圳科技创新人才队伍建设历程 …………………………（131）
  一 探索起步阶段：改革传统体制（1979—1991年）………（132）
  二 助跑加速阶段：首创引才政策（1992—2002年）………（133）
  三 质量提升阶段：完善人才体系（2003年至今）…………（134）

第二节 深圳创新人才队伍建设成果 ………………………………（135）
  一 高端人才聚集加速 …………………………………………（136）
  二 人才结构不断优化 …………………………………………（136）
  三 人口素质明显提高 …………………………………………（137）
  四 人才政策更加开放 …………………………………………（138）

第三节 深圳科技创新人才队伍建设展望 …………………………（138）
  一 合理改革分配制度，强化人才法制保障 …………………（138）
  二 全面落实人才政策，塑造良好用才环境 …………………（140）
  三 创建招才引智机制，营造人才发展环境 …………………（143）
  四 合理利用社会资源，打造人才乐居环境 …………………（146）

第七章 深圳科技合作：从"周边区域"到"全球高度" ………（149）
第一节 深港澳台科技创新合作频翻新篇章 ………………………（149）

  一　合作第一阶段：寻求对话 …………………………………（150）
  二　合作第二阶段：探索多种合作方式 ……………………（152）
  三　合作第三阶段：加速双方的融合成长 …………………（155）
 第二节　国际科技创新合作不断向纵深推进 …………………（159）
  一　国际科技创新合作目标：促进科技创新资源流动 ……（159）
  二　深圳开展国际科技创新合作的主要成果 ………………（162）
  三　深圳国际科技创新合作的主要典范 ……………………（165）
 第三节　深港澳台及国际科技合作模式再创新 ………………（173）
  一　完善顶层设计，统筹推进科技创新合作 ………………（174）
  二　转化地缘优势，整合海内外科技创新资源 ……………（175）
  三　打破资源流动限制，探索科技创新成果合作转化机制 …（175）
  四　注重人才引进，促进科技信息的跨界流动 ……………（176）
  五　以市场为导向，充分调动企业参与科技合作的积极性 …（177）
  六　完善科技创新合作机制，实现科技创新资源的
    双向流动 …………………………………………………（177）
 第四节　深港澳台及国际科技创新合作未来展望 ……………（178）
  一　主动布局未来，适应科技创新活动全球化趋势 ………（178）
  二　深化合作，为"一带一路"提供动力和支撑 …………（179）
  三　发挥科技创新优势，促进粤港澳大湾区协同发展 ……（181）

第八章　深圳科技创新的战略设计 ………………………………（183）
 第一节　深圳科技创新面临的形势 ……………………………（183）
  一　数字经济已经深度嵌入人类生活 ………………………（183）
  二　各国竞相抢占数字经济制高点 …………………………（184）
  三　国内科技发展势头迅猛且竞争激烈 ……………………（184）
 第二节　未来科技创新发展的主要趋势 ………………………（185）
  一　与人工智能合作：人类高度智化 ………………………（186）
  二　与无处不在的屏幕"对读" ……………………………（186）
  三　与不断流动的数据对接 …………………………………（187）
  四　使用而不是拥有产品 ……………………………………（187）

五　深圳居民生活迈入智能社会 …………………………………（188）
第三节　深圳科技创新的前景展望 ………………………………（190）
　　一　建设下一代互联网产业生态城市 …………………………（191）
　　二　建设人工智能生态城市 ……………………………………（194）
　　三　建设脑科学产业生态城市 …………………………………（197）
　　四　"金三角"生态群构筑深圳科技创新的未来蓝图 ………（200）
第四节　优化深圳科技创新生态体系 ……………………………（201）
　　一　八大科技创新领域集中攻关 ………………………………（201）
　　二　科技基础设施高端化 ………………………………………（203）
　　三　高等教育大发展 ……………………………………………（203）
　　四　科技创新企业国际化 ………………………………………（205）
　　五　科技创新人才优质化 ………………………………………（205）
　　六　深港澳科技创新深度合作 …………………………………（205）

附录　深圳科技创新大事年表 …………………………………（207）

主要参考文献 ……………………………………………………（222）

后　记 ……………………………………………………………（231）

导　　论

　　中国改革开放初期，深圳作为四个最早开放的特区之一，是中国了解世界的一扇"窗口"。通过这扇"窗口"，中国引入了市场机制，并对"市场机制的调节作用"进行了试验。深圳的成就证明这一试验是成功的。深圳经过近40年的发展，从1979—2017年，国内生产总值从1.96亿元增长到22438.39亿元，变化了10000多倍；社会消费品零售总额从1.13亿元增长到6016.19亿元。2016年GDP总量相当于发达国家瑞典。2017年由中国社科院与联合国人居署联合发布的《全球城市竞争力报告2017—2018》中，深圳排在全球第6位，超过日本的东京。目前，深圳已经形成了由高新技术产业、现代物流产业、金融业和文化创意产业组成的四大支柱产业，培育了新一代信息技术产业、节能环保产业、新材料产业、文化创意产业、互联网产业、新能源产业和生物技术产业等战略性新兴产业，规划并发展了智能装备产业、机器人产业、可穿戴设备产业、航空航天产业、海洋产业和生命健康产业等未来产业。深圳创造了世界工业化、现代化、城市化发展史上的奇迹，成为中国最具经济活力的创新型城市。

　　深圳的成功不仅仅是市场机制充分发挥作用的结果，更是中国特色社会主义制度创新的成果。深圳作为"中国特色社会主义示范市"，是中国对外交往的重要国际门户，正成为展示中国改革开放和现代化建设成就的"窗口"。世界各国正通过深圳这扇"窗口"，了解中国特色社会主义制度的优越性，解密中国的成功。

　　深圳在建市之初是一个渔火薄田的边陲小镇，一片未开发的处女地。深圳的城市建设，一切都是从零开始。时至今日，深圳在全球科技创新城市中占有一席之地，成为与美国硅谷齐名的科技创新城市。然而，硅谷的发展有斯坦福大学的支撑，这所大学为硅谷的形成和崛起奠定了坚实的基础，培养了众多高科技公司的领导者，这其中就包括谷歌、惠普、雅虎、耐克、罗技、特斯拉、Firefox、艺电、Sun、NVIDIA、思科及 eBay 等公司的创始人。而于 1983 年开始招生的深圳大学，是伴随深圳特区一同成长的大学。与美国硅谷相比，深圳缺乏有实力的高等院校作为其发展的基础；与日本东京相比，深圳没有高素质的劳动者队伍；与中国香港相比，深圳缺乏在国际市场上竞争的经验。深圳何以能取得今日之成就，其成功的密码是什么？这一问题引起了全世界的关注。

自 1985 年起就担任深圳市政府高级顾问的著名经济学家刘国光教授认为，深圳的成功归因于其从 20 世纪 80 年代初就选择了"以市场调节为主"的经济发展模式。他说："实践证明，深圳的发展从中获益匪浅，它在特区的经济改革和发展中发挥了重大作用！"同时，正是基于深圳等经济特区十多年市场取向改革的伟大实践，加上邓小平同志对这一实践做出的理论概括，才有在党的十四大上正式确定了以建立和完善社会主义市场经济体制作为经济体制改革目标的结果。[①] 深圳的实践为全国的改革做出了重大贡献。深圳大学中国经济特区研究中心的钟坚教授认为，深圳的成功离不开中央的政策支持、市场取向的体制改革、对内对外开放、移民文化、高层次人才集聚和政府主导的发展模式，让市场发挥资源配置的决定性作用是深圳成功的密码之一。[②]

曾担任深圳市政府副市长的唐杰教授认为，深圳经验的核心在于，不仅重视产业分工深化中所体现的市场自我发育过程，也强调政府通过制度创新，构建一个适于企业创新与学习的环境，支持企业分工专业化的创新过程，为产业升级奠定支撑基础。深圳通过在市场制度、企业制度和创新体系等方面的制度创新，切实降低了企业及其专业化劳动力学习与创新的成本，促进了分工的深化与细化，从而推动深圳的产业持续性跨越升级。

---

① 庄宇辉：《深圳经验丰富了中国特色社会主义理论——访中国社会科学院原副院长、深圳市政府高级顾问刘国光》，《深圳特区报》2010 年 11 月 30 日第 A7 版。

② 钟坚：《"深圳模式"与深圳经验》，《深圳大学学报》（人文社会科学版）2010 年第 27 期。

因此，市场化、法制化和构建创新体系等制度创新是实现技术创新和产业升级的基础保障。① 有担当、有远见、有智慧的有为政府无疑是深圳成功的密码之一。

深圳特区从诞生的那一天起，就锐意改革，敢闯、敢试、敢为天下先，率先实行土地有偿使用、实行股份制改革、建立证券市场、实行人事制度改革、削减大批行政审批事项等，深圳敢于突破传统经济体制束缚，创下了200多项全国第一，率先建立起社会主义市场经济的体制框架②，率先在全国建设创新型城市，科技创新成为驱动深圳经济发展的主动力，扬名世界的科技创新实力成为深圳的名片。是什么因素驱动了深圳的科技创新？这可能是大家最想知道的。

人才是经济社会发展的第一资源，也是创新活动中最为活跃、最为积极的因素。深圳改革开放以来的实践一再证明，抓人才就是抓发展，强人才就是强实力，没有人才优势就不可能有发展优势、创新优势、产业优势。③ 最令国内外城市羡慕的是，深圳对人才的强大吸引力。一所高校和科研机构极度短缺的城市，为何对人才有如此大的吸引力？有人说，"深圳对人才很尊重，充满机会，也'有钱'"。深圳对人才的尊重不是表面的，而是骨子里的。香港中文大学（深圳）校长徐扬生院士认为，深圳最重要的是它会聚了全中国甚至全世界最好的人才，因为"来了就是深圳人——这个事情非常不容易的，别的城市是不容易做到的，没有这样的胸襟"。在深圳，华为有28岁的总工程师；华大基因公司内一群平均年龄不足26岁的年轻人，完成了世界第一个黄种人基因组图谱、第一个大熊猫基因组图谱。深圳VC（风险投资）、PE（私募股权投资）机构数量和管理资本约占全国的三分之一，深圳资本界流行一句话——"深圳不缺钱就缺好项目"。深圳正是围绕"人才"这个根本要素建立了有利于引才、育才、用才的科技创新生态体系，驱动科技创新。科技创新生态系统由多种

---

① 唐杰：《"新常态"增长的路径和支撑——深圳转型升级的经验》，《开放导报》2014年第6期。
② 庄宇辉：《深圳经验丰富了中国特色社会主义理论——访中国社会科学院原副院长、深圳市政府高级顾问刘国光》，《深圳特区报》2010年11月30日第A7版。
③ 中共深圳市委、深圳市人民政府：《关于促进人才优先发展的若干措施》，2016年3月23日。

创新环境要素和创新主体共同构成，是具有动态性、多样性、整体性、平衡性、共生性等特征的有机生态体系。科技创新文化是"空气"，科技创新人才是"根"，龙头科技企业是"主干"，小微科技企业是"叶"，制度环境、政策支持等就是"阳光雨露"。①

包容、宽容和兼容的创新文化"引才"。建市之初的 1979 年，深圳常住人口仅有 31.41 万人，而截至 2017 年末，常住人口已经达到 1252.8 万人。深圳是一个由外来人口组成的移民城市。移民文化注重创业，更加包容，崇尚创新，吸引了大批的创业创新者来到深圳。（1）深圳市对外来人口非常包容。在全国率先打破户籍身份限制，允许无本地户籍身份的人员居住、就业，并且在户籍制度改革方面进行了一些积极探索。率先在国内推行"户口挂靠"管理制度，积极推行人才入户政策。（2）深圳对创新失败持宽容态度。2006 年，深圳出台了《深圳经济特区改革创新促进条例》。这个条例至今仍为人称道的一点就是"宽容失败"。条例明确规定，改革创新未达到预期效果，只要程序符合规定，个人和所在单位没有谋取私利，可予免责。此外，深圳还出台相关文件，对创业失败的人才给以基本生活保障。②（3）深圳对有不同需求的人才兼容并蓄。深圳首次在全国推行人才柔性引进政策。符合条件的高层次人才被深圳用人单位聘请短期从事教学、科研、技术服务、项目合作等达到规定时间的，聘用期间可以享受深圳人才相关政策待遇。

分享知识和保护产权的创新环境"育才"。（1）深圳鼓励知识分享培养创新能力。深圳大力推进创新人才的培育，推动全市中小学校将科学和创新教育作为创新能力培养的基本课程，培养学生独立思考的思辨和创新能力，鼓励青少年参与科技发明竞赛；政府资助各类社会组织积极举办科普展览、讲座，建设科普画廊、科普基地，开展多种形式的设计创意大赛，广泛传播并培养创新意识；以"读书月""创意十二月""市民文化大讲堂""自主创新大讲堂"等系列品牌活动为载体③，帮助广大市民分

---

① 辜胜阻、杨嵋、庄芹芹：《创新驱动发展战略中建设创新型城市的战略思考——基于深圳创新发展模式的经验启示》，《中国科技论坛》2016 年第 9 期。
② 张曙红：《培育创新文化，营造创新环境》，《经济日报》2011 年 5 月 6 日第 1 版。
③ 同上。

享知识，提高市民的创新能力。2008年，深圳市政府将每年12月7日设立为"深圳创意设计日"，引导市民关注创意，贡献创意。（2）深圳非常重视对知识产权的保护，通过保护知识产权促进创新。为保护知识产权，深圳制定了一系列的政策法规，2008年制定并实施了《深圳经济特区加强知识产权保护工作若干规定》，2017年出台了《深圳市关于新形势下进一步加强知识产权保护的工作方案》，从加强知识产权保护法制建设、机制建设、司法保护、行政保护、企业维权援助、重点产业区域知识产权保护、服务措施和基础建设等方面提出了加强知识产权保护的36条具体措施。通过发布《深圳市知识产权发展状况》白皮书，组织知识产权十大案件和十大事件评选；举办"知识产权半月谈""知识产权名人讲堂"和"知识产权鹏城论坛"等活动，引导全社会参与知识产权保护。

市场导向和产学研合作的创新产业"用才"。"人才"能在深圳找到发展机会，得益于深圳高度发达的科技创新产业。（1）深圳的科技产业和企业发展是由市场导向的，其科技创新企业基本上是民营和股份制企业，这些企业因市场需求而生，其发展取决于市场竞争优势。深圳电子产业"需求导向的创新"特点十分显著，其制胜关键在于对市场反馈的快速响应能力。以华强北赛格大厦为核心的电子产品产业化周期，可以做到半天出小样，一天出大样，无缝衔接生产。① 这种对需求的快速响应能力既是特殊产业链的强力支持，也是企业不拘一格用创新人才的结果。成果奖励、技术入股等知识资本化的市场激励机制吸引了大批高精尖科技人员参与创新和产业发展。深圳90%以上的科技投入由企业根据市场需求确定投向。（2）深圳鼓励企业与国内外高等学校、科研机构建立互利互惠的市场化协作关系。通过成果转让、委托开发、联合开发、共建技术开发机构和科技型企业实体等，开展多种形式的产学研合作。资助企业发展新型研发机构，政府资助企业运作，与高校及科研院所血脉相连，以产业孵化和创新为导向，与市场高效对接。截至2017年6月，深圳培育了中科院先进技术研究院、清华大学深圳研究院等集科学发现、技术发明、产业发展

---

① 上海市经信委、上海发展战略研究所联合调研组：《深圳制造业创新能力建设经验借鉴与启示》，《科技发展》2016年第7期。

"三发"一体化发展的新型研发机构累计 93 家。新型研发机构把"人才"放在工作的首位,不断激发人才的积极性,"重人轻物",与传统科研机构相反。资源配置为人的创新活动服务,科研人员自己决定科研项目以及组织管理队伍。

中国的改革开放是从解放生产力开始的。生产力的解放就是人性的解放,就是人的创造力的释放与解放。深圳以率先发展的富裕和引领中国改革开放的成就证明了一个大道理——人的自由发展是社会发展的内容与目标;每一个公民的创造力,既是社会发展的原动力,又是实现中国梦的原动力。① 驱动创新就是释放人的创造力,深圳经验实质上就是围绕"人才创造力的释放与解放"这个主题,搭平台、建环境、供机会和做保障。这与党的十九大报告中提出的"始终将人民利益放在首位"的思想是一脉相承的。

党的十八大以来,深圳的科技创新成果更加突出,科技创新能力大幅提升,市民的科技生活更加美好。这期间,深圳共获国家科技进步奖特等奖、国家技术发明一等奖等 64 项,其中华为、中兴、宇龙三家深圳企业参与的"第四代移动通信系统(TD-LTE)关键技术与应用"项目获 2016 年度国家科技进步特等奖。截至 2017 年 6 月底,深圳研制国际国内标准累计达 4768 项,其中国际标准累计 1384 项,国内标准 3384 项。PCT 国际专利年申请量连续 13 年居全国首位。创新载体累计达到 1578 家,其中国家级 110 家、省级 175 家,近 5 年新建的数量相当于特区前 28 年建设总量的 5 倍。华为公司成为全球收入第一的通信设备企业,华为短码方案成为全球 5G 技术标准之一。深圳大亚湾中微子"第三种振荡"科研成果入选《科学》杂志年度全球十大科学突破。华大基因等机构基因测序能力进入全球第一阵营,青年科学家王俊入选《自然》杂志年度全球科学界十大人物。腾讯公司的信息服务能力进入世界前列。

党的十九大报告中提出:中国特色社会主义进入新时代,我国社会主要矛盾已经转化为人民日益增长的美好生活需要和不平衡不充分的发展之

---

① 辜胜阻、杨嵋、庄芹芹等:《创新驱动发展战略中建设创新型城市的战略思考——基于深圳创新发展模式的经验启示》,《中国科技论坛》2016 年第 9 期。

间的矛盾；提出了决胜全面建成小康社会，开启全面建设社会主义现代化国家新征程；确定了到 2035 年我国基本实现社会主义现代化、到 2050 年把我国建成富强民主文明和谐美丽的社会主义现代化强国的伟大目标。在这个雄伟的征程中，深圳将勇当尖兵再创新局，对标最高标准，大胆试、大胆闯、自主改，努力打造高水平对外开放的门户枢纽、高标准改革创新的特区新标杆、高层次的国际合作新平台、高质量建设的科技创新城，在多个科技领域形成全球领跑的优势。

未来，深圳将规划布局以人工智能、大数据、脑科学和云计算等为基础的科技创新发展战略，加大基础研究支持力度，建设世界一流的科研基础设施，引进全球高端科技创新人才，建设世界一流大学和一流学科，培育具有领跑优势的新兴产业，形成世界一流的科技创新产业集群，大力支持金融科技发展，打造科技金融集聚区，深化科技管理体制改革，建设科技服务型政府，强化科技创新的国际合作，成为全球高新技术的首发地，构建服务创新的知识产权保障体系，优化科技创新生态体系，推动科技服务居民生活，打造宜居宜业的创新创业环境。

第一章 中国"硅谷"成长历程与模式创新

"2018年国务院政府工作报告"提出加快建设创新型国家,把握世界新一轮科技革命和产业变革大势,深入实施创新驱动发展战略,不断增强经济创新力和竞争力。[①] 作为中国改革开放的窗口,深圳经过近40年的发展,在科技创新体系建设方面取得了丰富的成果,探索了一种中国式的科技创新发展模式,成功建设为创新型城市,可以为创新型国家发展战略提供成熟的经验借鉴。

第一节 中国"硅谷"——深圳创新发展另辟蹊径

国内外创新城市或地区的发展,总体呈现出科学创新成果产业化、创新扩散推动技术发展的规律:以美国的硅谷为例,"硅谷的兴起与发展体现了一种自下而上或自发形成的、以斯坦福大学为主要的知识创造源头的演化路径;而中国的新竹科学工业园和中关村科技园则体现了一种自上而下的演化路径"[②]。深圳的创新路径与世界典型城市和地区有较大差异:没有按照"科研机构集聚—产业集聚"的发展脉络,不是遵循"基础研发—科技成果转化—科技成果产业化"的线性创新模式。

[①] 《2018年国务院政府工作报告》,第十三届全国人民代表大会第一次会议,2018年3月5日。
[②] 李振国:《区域创新系统演化路径研究:硅谷、新竹、中关村之比较》,《科学学与科学技术管理》2010年第6期。

深圳市以企业创新与集聚在先、科研院所集聚在后的新型创新模式，为创新实践与理论的发展提供了独特的样本。深圳的创新活动是由市场拉动为主、企业为主体实施的。其科技创新兴起于国际贸易，起源于"亚洲四小龙"的技术密集型和资本密集型产业的转移。与世界上绝大多数创新城市不同，深圳的创新活动可以归为四个90%：90%以上的研发机构设立在企业，90%以上的研发人员集中在企业，90%以上的研发资金来源于企业，90%以上的职务发明专利出自企业。[①] 这其中，制度创新和深圳市积极融入国际化及其灵活应对机制，以及坚持以产品开发为平台的源创新发挥了至关重要的作用。在大学及研究机构资源相对紧缺的情况下，深圳依靠有为政府和有效市场，逐渐走出了一条企业内生自有研究力量为主体的创新发展之路，衍生出诸如华为、中兴、光启研究院、华大基因等国内外认可的技术研发企业。近年来，借助完善的科技金融服务体系，深圳市可以快速实现创意和新技术的市场转化，而快速的技术变现能力逐渐提出科学创新的诉求，从而使得深圳市正逐渐从模仿创新、渐进性创新开始走向突破性创新（radical innovation）。[②] 最终，形成了"有效市场+有为政府"、激发全面创新、形成创新生态的科技创新深圳模式。

第二节　中国"硅谷"——深圳科技成长历程

40年来，深圳经济发展取得了举世瞩目的成绩，从"三来一补"加工贸易起步，逐步成长为以高新技术产业为主导的、具有全球影响力的创新型城市，完成了"深圳加工—深圳制造—深圳创造"的产业跨越升级之路，实现了从模仿创新向自主创新的历史性转变。深圳科技创新发展迅猛且强劲。在2017年美国《商业内幕》网站公布的全球85座高科技城市排行榜中，深圳以其超高的专利申请数量，排名全球高科技城市第20位。

深圳的创新经历了三代演进，20世纪80年代初（梁湘主政时代）的

[①] 李万全：《从"创新中心"的转移所想到的》，《企业文明》2006年第5期。
[②] 唐晓华：《企业管理传承性创新的理论与经验研究——基于资源基础理论的分析视角》，《产业经济评论》2010年第3期。

观念创新，倡导空谈误国，实干兴邦；80年代中后期90年代初（李灏主政时代）的改革创新，提出"不改革，我当这个市长一点意思都没有"，积极推进制度创新；90年代中期到2000年的体制机制创新，2004年前后、2005年、2012年也有重大制度创新，总体上经历了观念创新、制度创新到技术创新的三代演进。简言之，以观念创新带动制度改革，以制度创新助力技术创新，再到当今的以企业研发为主的技术创新模式向科学创新与技术创新互动的"源创新"和"始创新"转型。

创新的发展离不开创新环境的支持。根据创新生态系统理论，创新的发展离不开商务环境、人才环境、金融环境、载体环境和文化环境等的支撑。深圳的创新主要是企业的创新，从这个角度讲，深圳经济特区科技创新所取得的成就与政策的正确引导、市场经济制度建设，尤其是有幸遇到并抓住了两次国际产业转移的机遇密不可分。[①] 基于创新系统理论、制度创新和以产品开发平台的技术学习等相关理论的视野，观察深圳市科技创新发展历程，可以看出国际化、制度创新、企业技术创新、创新网络的搭建是其成为创新型城市的关键要素。在近40年的发展历程中，深圳市的创新生态系统经历了从无到有、从有至优的过程。

一 初创阶段：开放包容促进经济发展

1978—1984年，深圳利用邻近香港的区位优势，制定了特区的优惠政策，通过"三来一补"的加工贸易模式，为经济特区的建设打下了初步基础。[②] 1979年深圳开始建市，1980年8月26日，正式设置经济特区。此时，中国正在开展计划经济体制改革，逐渐释放市场活力，"亚洲四小龙"的劳动密集型产业也正寻求向东亚其他国家和地区转移。深圳市充分把握了这一机遇，利用"外引内联"的政策措施，对外大量引入从"亚洲四小龙"转移过来的产业，对内与国家部委、广东省及其他省市进行合作，逐步建立了"三来一补"的劳动密集型产业。该阶段的生态体系还不能称

---

① 周轶昆：《深圳经济特区发展历程的回顾与分析》，《改革与开放》2018年第4期。
② 赵天奕：《雄安新区建设思路与策略——基于深圳特区、上海浦东新区开发开放建设经验的视角》，《河北金融》2017年第10期。

为创新生态系统,创新人才、创新载体、创新金融、创新产业的种群尚未形成,但是加工制造业的财富积累为深圳市的二次创业奠定了坚实基础。

深圳市的创新基于电子信息产业,源于对外开放,始于外引内联,相关关键事件具体见图1-1。

外引策略关键事件:在当时的意识形态下,全国仍是以计划经济为主。"深圳市在1979年成立了全国电子工业第一家中外合资企业——光明华侨电子厂。在改革开放战役刚刚打响之时,对于如何引进外资是一个难题,因而由一大批归国华侨组成的广东省华侨农场管理局首先承担了引进外资的历史使命。1979年由广东省华侨农场管理局与香港港华电子企业公司在北京签约,组建一个由归侨人员组成的、为港华电子企业公司加工电子产品的光明华侨电子厂,同年12月25日经国务院外国投资委员会批准,将准备从事来料加工的光明华侨电子厂更改成'广东省光明华侨电子工业公司',即现在的深圳康佳集团股份有限公司"。①

内联策略关键事件:"根据史料记载,1979年9月18日,广东省政府决定由广东电子工业局负责将地处粤北山区从事电子工业的三个省属小厂(8500厂、8532厂、8571厂)同时迁入深圳,组建深圳华强电子工业公司(现华强集团公司)。与此同时,总参通信兵部也在深圳投资成立洪岭电器加工厂(现深圳电器有限公司)。第四机械工业部(现电子信息工业部)也从广州750厂抽调一批人员组建深圳电子装配厂(现深圳爱华电子有限公司)。第三机械工业部(现航空工业总公司)也在深圳设立中国航空技术进出口公司深圳办事处(现深圳中航集团)。以上四家就是深圳建市后由两部委和广东省在深创办的第一批企业。基于外引内联,深圳市迈出了中外合资的第一步。"

---

① 佚名:《深圳电子工业发展历史回顾》,2016年8月10日,华强电子网(http://tech.hqew.com/news_1346032)。

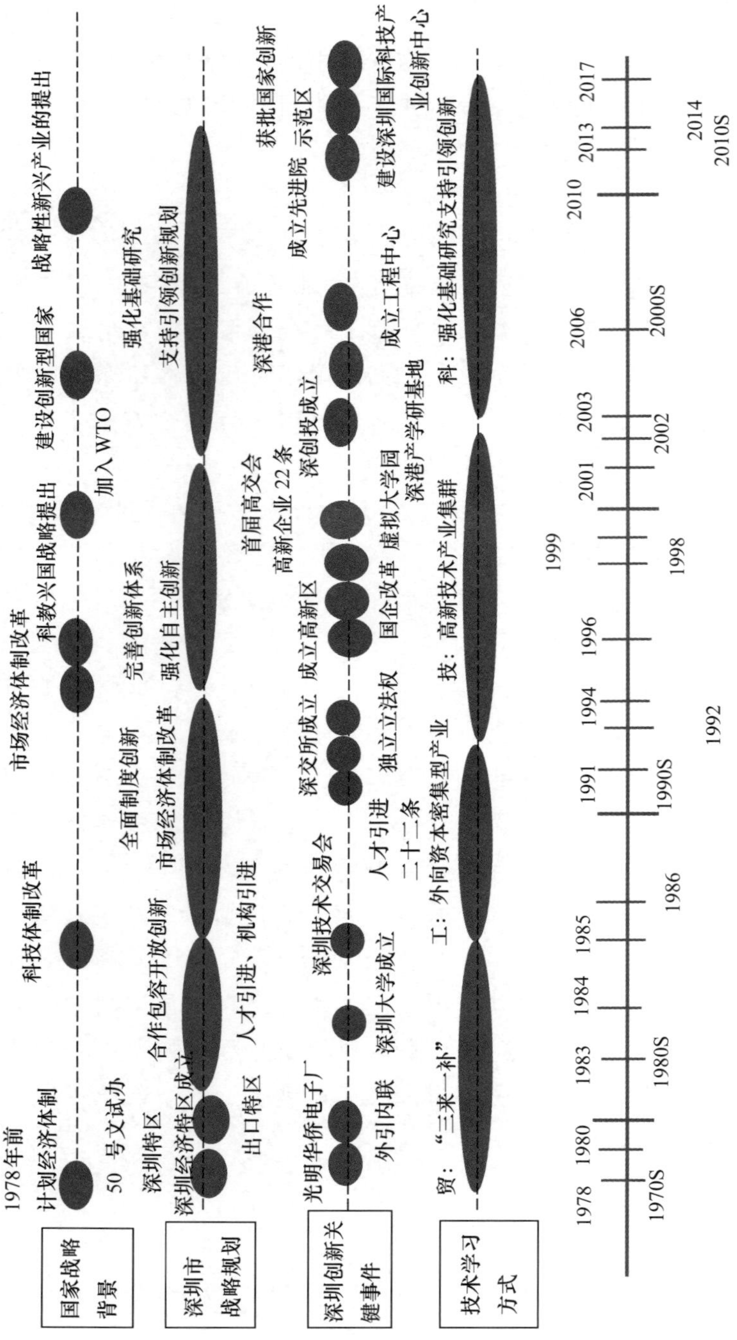

图 1-1 深圳科技创新发展历程：关键事件展示

（一）企业技能人才的积累

基于外引内联策略及其形成的企业群落，深圳市快速积累了一批技术工人。"深圳建特区的前五年几乎没有工业，主要是太阳镜、电子表、尼龙丝和灯具商品贸易。深圳真正搞工业是1985年后，当时深圳确定了投资以外商为主、生产以加工装配为主、产品以出口为主的工业发展方针。"① 深圳从来料加工起步，通过"三来一补"企业发展工业，初步积累了建设资金、技术和管理经验。但是，"三来一补、加工装配行业的附加值低、技术含量少，企业的产品设计、原料供应、营销管理等环节均掌握在外企手里，这种分工模式不利于深圳外向型经济的长远发展"②。在创新生态系统中，只存在加工制造环节的技能积累，工厂的工人种群积累了初步的劳工技能，但技术积累仍然非常少见。

（二）计划经济体制的突破

20世纪80年代初，中国经济体制改革的基点是冲破传统的计划经济模式，这就意味着必须引入市场机制。因此，深圳率先对经济体制进行了一系列大胆的改革，转变政府职能，由直接管理、行政管理向间接管理和依法管理转变，允许外资企业的经济活动以市场调节为主③：放开物价由市场调节，扩大企业自主权，改革用工制度和金融管理体制等。这一阶段，深圳既引入市场机制对资源进行有效配置，政府又制定了各种优惠政策对投资加以引导，形成了计划与市场的双轨机制。在此期间，深圳经济以劳动密集型的加工工业为主，"三来一补"的项目占全部引进项目的70%以上，但"三来一补"的企业没有研发能力，其技术主要依赖国外的母公司。然而，正是加工贸易的迅速发展，为深圳经济提供和积累了资金，为其产业结构升级奠定了基础。

（三）劳动密集型产业导向

这一阶段以劳动密集型为导向，主要发展加工贸易，深圳完成得"特别好，很成功"，为之后的科技创新奠定了物质基础。之所以说完成得好，

---

① 唐杰：《"新常态"增长的路径和支撑——深圳转型升级的经验》，《开放导报》2014年第6期。
② 同上。
③ 陈湘桂：《两广经济发展实证分析及对策研究》，《改革与战略》1998年第3期。

是因为深圳逐渐拥有了部分在全国具有竞争优势的传统产业，如家具、钟表、电视机、珠宝、服装等。在这一阶段，深圳市无论是科技人才还是科技金融、科技载体和创新能力，都是缺乏的，这和当时的国情（中国处于改革开放的初期）相关。但是，深圳市的战略规划者已经开始提前部署科技力量，1983年深圳大学招收首届本科生，标志着深圳市科技创新发展的战略转型。

二　发展阶段：创新制度助力技术升级

"1985—1992年，深圳建立起以工业为主的外向型经济，全面推进市场取向的经济体制改革，以市场为取向突破计划经济体制的束缚，首先在价格制度、工资制度、基建制度、劳动用工制度等方面大胆进行经济体制改革试验。"① 深圳开始深化改革，调整产业结构，促进产品升级换代。以彩电和收音机为主导产品的格局悄然改变，投资类和通信类产品的工业产值已接近消费类产品的产值，并显示出高新技术产品的产值逐步占主导地位的特征。它总体上呈现出：制度创新为先导、科技载体初步培育、金融体系初步形成的外向性、资本密集型产业的创新生态体系。

（一）全面制度创新建立市场经济体制

深圳市市场经济体制改革比全国整体上早了十来年。"地方政府对于产业发展具有较强引导与支持作用，特别是在产业升级过程中，地方政府能否提供合适的公共产品，是一个产业能否保持竞争力的决定性因素。""深圳在这一时期全面推进了市场取向的经济体制改革，开始从局部改革转向全面改革，从单向改革转向系统改革，从初步改革转向深入改革。"② 例如，率先进行国有企业股份制改革、金融体制改革，对土地进行公开拍卖，实施住房商品化，改革劳动管理体制，完善社会保险体制等。这些改革为中国确立社会主义市场经济体制的改革目标积累了经验，发挥了特区作为经济体制改革试验场的作用。大量的制度创新，标志着深圳市的科技创新走向了政府主导、市场引导的第二个阶段。

---

① 周轶昆：《深圳经济特区发展历程的回顾与分析》，《改革与开放》2018年第4期。
② 魏达志：《深圳电子信息产业的改革与创新》，商务印书馆2008年版。

深圳经济特区自创办以来，勇于探索，敢于创新，率先进行以市场为取向的经济体制的改革和试验。例如，率先进行所有制改革，形成股份制经济、国有经济、民营经济和外商投资经济等多种所有制经济共同发展局面；率先进行物价改革；率先改革劳动用工制度和工资制度；率先改革干部调配制度，通过招聘选拔干部人才；率先改革金融管理体制，设立非银行金融机构，引进外资银行。率先进行由直接调控转向间接调控的改革，实行政企分开，建立国有资产管理的新架构；率先推行企业产权和国有土地使用权的有偿转让，开辟金融、劳动力、技术等生产要素等市场，加快生产要素的商品化和市场化步伐；率先进行住房制度改革；率先进行失业和养老保险及医疗保险制度的改革，并逐步建立制度化、法制化的市场经济运行机制。通过一系列体制改革和试验，深圳率先在全国建立起比较完善的社会主义市场经济体制。①

（二）政府引导创新培育创新型企业

一系列的制度创新，极大地解放了生产力。"根据深圳市统计局的资料，深圳从1980年到1999年，累计利用外资200.45亿美元，涉及67个国家和地区，外商投资企业1万多家，引入大型跨国公司近200家，世界500强企业有76家进入深圳，内地驻深企业、机构近9000家；进出口总额从0.175亿美元增长到504.3亿美元，年均递增52.1%，出口总额从0.112亿美元增长到282.11亿美元，年增长50%，至1999年累计进出口总额超过3500亿美元，其中出口额累计超过1912亿美元，连续多年进出口总额居全国大中城市首位，占全国的七分之一。"② 这期间，深圳市政府、广东省、电子工业部联合起来成立深圳电子集团，从刚开始的分散工作到整合100多家企业，形成了政府主导产业发展的阶段。这个阶段是深圳产业上水平上规模的阶段，产品已经到规模应用生产阶段，同时开始出口。华为等民营企业正是脱胎于该阶段，从公有制的争论中脱离出来，并

---

① 阮建青等：《产业集群动态演化规律与地方政府政策》，《管理世界》2014年第12期。
② 曹龙骐等：《深圳证券市场的发展、规范与创新研究》，人民出版社2010年版。

发展成为其补充力量。① 这一时期，深圳的产业细分市场开始萌芽、发展，市场经济管理机制开始逐步形成，深圳特区的市场经济体系有了框架。

传统的加工贸易的产业结构已难以适应当时国际市场竞争的环境，深圳的经济结构必须进行转型。深圳市政府高瞻远瞩，制定并实施了由传统加工贸易向高新技术产业转型的战略。② 其标志为深圳市政府与中国科学院于 1985 年 7 月共同创办的深圳科技工业园的诞生，以及赛格科技工业园和蛇口开发科技有限公司等，引导园区内的企业开展科技创新。③

深圳充分发挥市场经济的优势，通过建立和完善人才市场、技术市场、资本市场，吸引大批国内外的科技人才；以内地众多高校、科研机构为依托，吸引大批科研成果在深圳实现产业化，并吸收了大批高新技术人才到深圳创业，这一阶段特区产生了第一批高新技术企业，1988 年高新技术产品产值达 4.5 亿元，约占全市工业总产值的 4.5%，计算机及其软件、通信、微电子及基础元器件的电子信息产业已初步形成。探索科技和经济相结合的新模式，探索发展高新技术产业的新道路，建立个人收入与效益挂钩的制度和优胜劣汰的竞争机制，并为深圳市企业股份制改造积累实践经验。1987 年 2 月，深圳市颁布了《深圳市人民政府关于鼓励科技人员兴办民间科技企业的暂行规定》，从而拉开了深圳市民营科技企业发展的序幕。④

（三）深化人事改革广纳天下良才

深圳经济特区从改革开放之初打破计划管理体制下劳动用工方面统包统分制度开始，先后进行了一系列针对劳动用工制度、用人制度的创新试验。⑤ 1980 年启动劳动合同制，1983 年深圳市政府正式颁布了《深圳市实行劳动合同制暂行办法》，以法规形式规定了全市新招企业职工一律实行劳动合同制，为探索"双向选择"的市场化就业机制进行改革，旨在释放

---

① 张溯：《深圳特区实行计划经济与市场调节相结合的几个问题》，《计划经济研究》1991 年第 11 期。
② 陈汉欣：《深圳高新技术产业的发展与布局》，《经济地理》2002 年第 3 期。
③ 同上。
④ 魏达志：《塑造崭新的市场经济微观主体——深圳民营科技企业发展的基本状况、态势与特点》，《特区经济》2003 年第 4 期。
⑤ 黄顺：《劳动工资改革 成功源于调查研究》，《深圳商报》2010 年 9 月 5 日。

市场活力。企业可以根据实际情况，自主研究确定工资的分配形式。①
1991年，以《深圳经济特区大学中专毕业生就业合同管理暂行办法》（简称"人才引进二十二条"）为起点，进入了对高技术、高层次人才的吸引和人才政策配套阶段，为劳动密集型产业向资本密集型和技术密集型产业转型注入了新的动力。

（四）培育科技载体汇聚创新资源

1. 注重本土人才培养

紧随着深圳大学的建立，1985年深圳市人民政府与中国科学院签订协议，合作兴办深圳科技工业园。同年，深圳大学与香港兴华人才开发顾问有限公司签订合同，合作创办国际科技国商管理培训中心。1988年，深圳大学第一届178名学生获得毕业证，这是深圳市自己培养出来的首批本科大学生。此后，深圳先后引入了中山医科大学深圳医疗中心等人才培养基地。1991年，深圳科技园被列入国家高新技术产业开发区，标志着深圳市正式进入政府引导创新资源配置，以"科技成果产业化"为特征的创新模式。

2. 借力世界智力资源

早在1986年，随着日本企业在深圳的集聚，日本实业家和专家学者组成的日本深圳协力会成立，专门为深圳经济特区建设发展提供智力支持。1992年，以市委副书记、市人大常委会主任厉有为为团长的深圳代表团，亲赴美国招聘中国留学生，在国内外引起良好反响，当即有175名留学生表示愿意来深圳工作。

3. 促进科技成果转化

以科技成果交易为龙头，包括交易、中介、评估、信息服务等机构组成的综合配套技术市场体系正式形成。这标志着深圳技术交易市场进入了新的发展阶段。20世纪90年代初，深圳的金融和电子信息产业在全国已经很有竞争优势，不论在银行、保险业，还是基金、证券领域，规模和竞争力都数一数二。1990年，世界首创的高科技成果"聚珍整合系统"在

---

① 深圳市政府：《7件"过时"政府规章被废除》，《深圳市政府公报》2003年12月17日，新华网。

深圳开发完成，这是继"全汉字编码输入与字形输出技术"后的又一项重大突破。1992年，深圳市安科高技术公司成功研制出我国第一个超导型磁共振成像系统，同年在首届科技成果拍卖大会上，当场成交了7项成果，成交金额达95.2万元，为科技成果的产业化做出了有益的尝试。1993年，全国首家采用国内科研成果生产基因工程药物的产业化基地——科兴生物制品公司在深投产。

（五）改革资本市场发展科技金融

20世纪80年代初，深圳为聚集社会闲散资金用于经济建设，率先进行了股份制集资试验，公开向社会发售股票。继而，证券登记公司、债券市场先后建立。深圳股份制经济的起步大致在1978年至1986年。为解决经济建设中的资金紧张问题，通过借鉴我国香港的经验，发展股份制经济的思路被提出。1983年，宝安县联合投资公司以县财政为担保对外发行股票集资，成为中国股市发展的起点。[1] 1983—1985年间，深圳银湖旅游中心和宝安县的一些集体企业也公开发行股票筹集资金，走上了企业股份制之路。

深圳股份制经济整体发展大致在1987—1990年。[2] 1987年3月，深圳市政府决定在原有农村信用合作社的基础上筹建一家股份制银行，深圳发展银行应运而生。1987年12月28日，深圳发展银行正式成立后，公开发行股票，标志着深圳股份制规范化发展阶段的到来。深圳经济特区自1980年创办到20世纪80年代末，发展迅速。与1979年相比，1989年深圳市GDP从1.9亿元增加到93亿元，增长47.9倍，年均增长47%，这一成就的取得与特区各项改革起步较早、涉及领域不断拓展的先行先试不无关系。[3]

早期的深圳证券市场是以债券交易为主的。1985年，深圳特区证券公司由人民银行深圳分行牵头，与特区内另外9家金融机构合资创办，其成立适应了特区债券市场发展的需要，同时也为建立股票交易市场打下了良

---

[1] 曹龙骐等：《深圳证券市场形成和发展背景考辨》，《中国经济特区研究》2011年1月1日。
[2] 同上。
[3] 王喜义：《深圳股市的崛起与运作》，中国金融出版社1992年版。

好的基础。在 1987—1990 年，深圳金融市场逐步形成，构建了证券公司、银行、信托等多层次资本体系（见表 1-1）。

表 1-1　　　　1987—1990 年深圳证券市场证券经营机构统计情况

开业时间	证券经营机构名称
1987 年 9 月	深圳特区证券公司
1989 年 7 月	中国银行深圳国际信托咨询公司证券业务部
1989 年 9 月	深圳国际信托投资总公司证券业务部
1990 年 7 月	交通银行深圳分行证券业务部
1990 年 7 月	中国有色金属深圳财务有限公司证券业务部
1990 年 8 月	广东国际信托投资公司深圳分公司证券营业部
1990 年 8 月	中国农业银行深圳信托投资公司证券营业部
1990 年 8 月	中国工商银行深圳信托投资公司证券营业部
1990 年 8 月	深圳经济特区发展财务公司证券营业部
1990 年 11 月	深圳国际信托投资公司国际证券投资基金部

金融机构多元化格局逐渐形成，除了多家国家银行与信托、咨询、财务、保险等 10 多家非银行金融机构外，还有 3 家区域性股份制银行，引进 25 家外资银行和办事处，同时对银行业务也进行了一系列改革，实行企业化经营和较为灵活的利率活动，建立短期资金拆借市场等。[1] 1986 年制定了《深圳经济特区国有企业股份试点暂行规定》，对国有企业进行股份制改革。1990 年，深圳证券交易所试营业，标志着深圳证券市场进入集中交易和规范化发展阶段，大量的中小企业尤其是高科技企业开始寻求上市，极大地盘活了深圳市中小型高科技企业。[2] 2000 年以来创业板的启动，中小企业板块的建立，更是吸引了大量的创投公司集聚深圳。扶持高技术产业发展的政策吸引了大批人才，科技金融和科技企业交相呼应，直接促进了深圳市科技成果的产业化。但是在 20 世纪 90 年代，深圳市资本市场也仅有一家证券交易所，单层次的资本市场限制了深圳市金融行业的

---

[1] 卢志高：《深圳房地产业的困境与出路》，《中外房地产导报》1994 年第 24 期。
[2] 张鸿义：《深圳金融中心建设的总结、评价与展望》，《开放导报》2015 年第 2 期。

发展，不仅体现在上市公司数量上的限制，而且体现在融资规模上，只能走证券交易所这一条通道，导致证券市场经常供不应求。

三 嬗变阶段：完善体系强化自主创新

1993—2003 年为深圳市增创新优势阶段，在全国率先建立起比较完善的社会主义市场经济体制和运营机制，并大力推进现代化城市建设。这期间，深圳继续充分发挥先行先试的优势，全面建设和完善各种要素市场。到 1997 年，深圳在全国率先建立了以"十大体系"为内容的社会主义市场经济体制基本框架。例如，率先建立现代企业制度，深化国有资产管理体制改革，进行商贸流通体制改革，完善劳动力市场，建立产权交易市场，推进金融体制创新等。这一阶段，深圳市完成了大量的科技载体、科技文化、科技企业、科技人才、科技金融建设。

- 1996 年，正式成立高新区。
- 1997 年，市委、市政府设立"深圳市科技风险投资领导小组"和办公室，标志着深圳科技风险投资体系的创建工作正式拉开帷幕。
- 1998 年，深圳市人民政府做出《关于进一步扶持高新技术产业发展的若干规定》，推出 22 条得力措施，大力推动了高新技术产业发展。
- 1998 年，腾讯公司成立。
- 1999 年，深圳市与北京大学、香港科技大学联合，在深圳成立集产业发展、教学培训和科研开发于一体的深港产学研基地；虚拟大学园开园。
- 2000 年，深圳市推出了高层次专业人才"1+6"政策；10 月，我国第一部地方性创业投资规章——《深圳市创业资本投资高新技术产业暂行规定》在深圳市正式颁布并实施。该规章是全国范围内最早一批科技金融方面的地区法规，旨在进一步吸引国内外创业资本投资高新技术产业，加快深圳市高新技术产业的发展。
- 2002 年，深圳市当时规模最大、功能最完备、建筑最具特色的"孵化器"——深港产学研基地综合大楼正式投入使用；深创投正式成立。

- 2003年，北大、清华和哈工大三大深圳研究生院成立。

（一）集群发展形成科技企业群落

1992年10月，以邓小平南方重要讲话和中国共产党十四大召开为标志，中国的改革开放掀开新的篇章。深圳高新技术产业获得新的发展动力，尤其是电子信息产业发展得更好，成为深圳高新技术产业的龙头（其产值占全市高新技术产品产值近九成），引起全国关注。这一阶段的重要标志和特点：一是高新技术产业的若干重要经济指标不断上升；二是崛起了一批具有一定规模的高新技术产业组织；三是成功建立了高新技术产业园区；四是初步形成了高新技术产业集群和基于产业链的大中小企业配套系统。

这一阶段深圳高新技术产业快速发展，已经成为深圳的第一经济增长点。[1] 如1991年深圳市高新技术产品产值仅22.9亿元，1998年已达到655.18亿元，增长27.6倍，年均递增61.46%；1991年的高新技术产品产值占工业总产值的比重仅8.1%，1998年则达到35.4%；高新技术产品的利税由2.4亿元增加到61.25亿元，增加24.5倍，年均递增58.9%；高新技术产品的出口也高速增长，1992年出口额仅有1.92亿美元，1998年达到44.31亿美元，增长22.1倍，年均递增42.6%；1998年，尽管受到亚洲金融危机的影响，高新技术产品出口仍同比增长19.19%，是同期外贸出口增长幅度的5.48倍。[2]

这一时期，深圳生产类和消费类电子信息设备的一些主要产品，在全国都占有重要位置。深圳电子工业迅速朝高新技术产品方向发展，涌现出一批高新技术企业，如华为、中兴、创维、比亚迪等具有相当规模的高新技术企业及其配套的产业群。许多企业都在高新区设立研发中心，相当一部分企业的研发经费已超过销售收入的10%，20世纪90年代末已有5个企业博士后工作站。深圳高新区研发中心大致有三类：一是生产基地设在东莞、惠州等周边地区，研发中心在高新区，如联想、TCL、创维等；二是分部式的研发中心，即高新区的企业在办好本地研发中心的同时，还在

---

[1] 金振蓉、易运文：《深圳科研产业为什么行》，《光明日报》2012年5月14日。
[2] 魏达志：《深圳电子信息产业的改革与创新》，商务印书馆2008年版。

北京、上海、美国硅谷等地设立研发中心,如中兴等;三是跨国公司研发中心设在高新区。它形成了以市场为导向,以产业化为核心,以企业为主体,以国内外大学和研究院所为依托,辐射周边地区的研究开发体系。

(二)倡导创新文化推动平台建设

科技创新离不开创新文化等软环境的支撑。在这一阶段,深圳市先后搭建了"国家科技部火炬计划10周年经验交流会""首次全球脑库论坛——21世纪的中国与深圳""火星863网站""有中国诺贝尔经济学奖之称的孙冶方经济科学奖颁奖大会"等信息交流平台。1999年,深圳通过全国第一个行业协会方面的地方性法规——《深圳经济特区行业协会条例》,以规范行业协会,保护其合法权益,发挥其在社会主义市场经济中的作用,为扩大科技创新资源流动、培育创新文化做了充分的努力。

1999年是中国高新技术产业发展的一个里程碑。1999年8月,中共中央、国务院专门召开了全国技术创新大会,做出了《关于加强技术创新、发展高科技,实现产业化的决定》。1999年10月5—10日,首届中国国际高新技术成果交易会在深圳成功举办,成为继中国出口商品交易会(广州)、中国投资贸易洽谈会(厦门)之后的又一个国家级交易盛会,直接促进了科技成果的产业化。

正是这一年,创立腾讯才一年的马化腾拿着改了66个版本、20多页的商业计划书跑遍首届高交会各展馆,为腾讯拉回第一笔风险投资220万美元,为腾讯的发展奠定了重要基础。

(三)依托企业发展科技载体群落

深圳开始了以企业为主体、以应用为导向的科技载体建设。1996年,深圳市依托华为、中兴、华强集团先后成立了首个企业技术中心和首个工程中心。深圳市创新载体建设始于企业,用于企业,从初期就埋下了深圳科技创新以企业为主的种子。随后,深圳市加强了源头创新的支持与转型力度,依托科研院所的重点实验室、科技企业孵化基地纷纷建立,先后成立深港产学研基地、北京大学深圳研究生院、北京大学香港科技大学医学中心以及由联合国工业发展组织与中国外经贸部和深圳联合组建的深圳国际能源与环境促进中心等,逐渐形成了集工程中心、技术中心、重点实验室、孵化器为种群的科技载体群落。至此,深圳市形成了以企业创新为主导、促进产业共性技术发展为目标的载体体系。

（四）激励人才培育创新人才群落

相对于上一阶段，深圳这一阶段的人才结构和人才数量发生了较大的转变。一是企业从业人员从以加工制造的工人为主，向高新技术研发人员为引领的高端人口结构转型；二是从单一的工厂工人、城市建设者、企业管理者的人口生态体系，加入了创新载体相关人员种群、科技金融相关人员种群和创新网络建设相关人员种群的、层次逐渐丰富、种类逐渐增加的创新人口群落，人口的数量和层次都有显著的提升；三是人才政策的发力，进一步吸引了大量优秀人才来深工作。比如，率先设立优秀青年科技奖励基金，率先改革公务员制度，率先引进高科技人才组建信息技术研究所，率先颁布《关于鼓励出国留学人员来深创业的若干规定》等人才政策，表明了深圳市委市政府科技立市的决心和恒心。

（五）政府引导完善风险资本市场

相对于上个阶段，以国有银行、信托、证券为代表的大中型金融机构的常规贷款、证券业务为对照，这一阶段专门面向科技型中小企业科技成果转化的风投资金得以快速增长，其中最具代表意义的是，国内首个大型投资企业集团——深圳市创新投资集团正式成立。该集团下辖全资、控股、合资的投资公司和投资管理公司13个，可投资能力已经超过了30亿元人民币。[①]

这些科技人才、科技载体、科技金融、创新文化等要素的培育与积累，为深圳市科技成果产业化的推进发挥了重要作用。2002年，深圳市登记的科技成果272项，跃居全国第四位，首次在全国计划单列市及副省级城市中名列首位。可以说，深圳市科技创新步入了正轨。

四 提质阶段：夯实基础支撑创新引领

2004年以来，深圳市开始加强基础研究，搭建第三代科技园区，建设知识密集型产业。第三代科技园区的本质特征是：以提高人才的创造力为核心。深圳的产业从资本密集型和技术密集型逐渐转型为知识密集型，在知识经济时代，创造是一种生产要素。对应的创新政策也从上个阶段关注

---

① 佚名：《创业商圈之"中心区"篇》，《深圳特区科技》2014年第Z3期。

创新环境转入以提高园区整体创造力为特征的第三代科技园区，旨在通过多种正式或非正式的交流平台激发人才的创造力。深圳市科技创新走上了快车道，利用国际国内资源、加速要素流动的开放式创新模式成为主流。这一阶段提出了打造国际化、创新型城市，加强深港合作，以新时代中国特色社会主义理论为指导构建和谐深圳、效益深圳。先后成为科技部、广东省人民政府、深圳市人民政府共建的国家创新型城市，并在2017年与中科院共同建设国际科技产业创新中心，双方在教育、科技、产业、资本等方面开展全方位合作。

（一）完善资本市场形成科技金融生态体

自2004年以来，深圳资本市场建设迈出了关键几步，逐步形成今天的多层次结构：（1）深交所的主板和创业板业务，主要面向中小型企业提供上市服务，使之与上交所差异化运行。（2）设立了代办股份转让系统，为全国多个高新区的上万家高技术企业服务，从而成为创业板和主板的优秀企业蓄水池，增强深圳市小微高科技企业的吸引力和凝聚力。（3）深圳市产权交易市场重启，特别是2009年设立的全国首家区域性非公开科技企业柜台交易市场，是继创业板之后，深圳多层次资本市场建设的又一里程碑。深圳率先构建完成了包括深交所主板、创业板、股权代办转让市场（三板）、区域性柜台市场在内的多层次资本市场体系。

未来深圳市还将不断改革主板市场，完善创业板市场，激活三板市场，整合产权交易市场，持续吸引科技创新企业和科技金融集聚，助力科技创新生态系统的持续升级。

（二）协调政产学研形成创新载体生态体

相对于上一个阶段出现的以有形载体为抓手、以促进科技成果转化为目的的科技载体建设不同，21世纪以来，深圳市把提高人才的创造力、发挥创客文化作为推动科技载体建设的新思路，对应的是促进知识创造和推出快速响应市场细分需求的产品。以孵化器为例，经过20多年的发展，深圳孵化器的发展呈现出明显的"民进官退"的特点，从原来政府主导成立的科技创业服务中心到如今众多由科技企业自发形成的大型孵化器，以及近年逐渐成为深圳孵化器潮流的创业咖啡，都显示出深圳孵化器向市场化纵深发展的特点。目前，深圳已有四家3W咖啡，数量位居全国首位。

距首个孵化器政策出台 10 年后，2012 年 11 月，深圳市又出台了《关于促进科技企业孵化载体发展的若干措施》，实施创业苗圃、孵化器、加速器、科技园区相结合的大孵化器战略。[1]

此外，还有规模较大的产学研一体化园区，深圳高新技术产业园区实行开放式管理模式，即在国家有关政策法规的范围内，不改变政府各部门现有的管辖范围，不打断政府的审批链条，形成政府各部门对高新区支持的合力，充分发挥各部门的积极性。从地域上看，不实行边界封闭，而是与南油、蛇口、华侨城等形成一个大的一区多元的高新圈层。高新区根据现状，实行了决策层（高新区领导小组）—管理层（高新办）—经营服务层（服务中心）的三级管理体制。

同时，深圳经济特区从寸土寸金的地皮中"挤出"100 多平方千米，兴建高新技术产业带，以电子信息为主导的深圳高新技术产业带，集高科技产业化、研究开发和高等教育于一体，充分利用企业自身的技术开发能力。[2] 虚拟大学园也发挥了巨大的作用，一方面，大学园为企业自主创新提供全面的科技资源；另一方面，利用企业自身的技术开发能力，形成以企业为主体，充分利用国内外科研力量的技术开发体系。深圳企业把研究机构向外延伸，与全国 150 多家科研院所建立稳定的合作关系。康佳、华为、中兴通讯、开发科技等公司还在美国硅谷、韩国、印度等地设立研发机构，追踪行业最先进技术，确保产品的先进性、独创性，凭借政策、体制和环境的优势以及科技成果产业化程度高的特点，加强技术和人才的引进，是深圳近年高新技术发展迅猛、势头强劲的重要因素。

深圳之所以能够在自身科技资源薄弱的条件下壮大高新技术产业，关键在于充分发挥了市场机制在自主创新中的作用，产学研结合始终围绕市场开展。[3] 以深圳虚拟大学园为例，这个由深圳市政府和数十家大学合作建立的产学研合作基地，集技术创新、成果转化、公共技术服务及人才培养等功能于一体的载体，创造了"深圳无名校，名校在深圳"的新模式。[4]

---

[1] 《百家创新孵化器：量多如何质优？》，《南方日报数字报》2015 年 7 月 27 日，南方网。
[2] 胡谋：《深圳兴建高新技术产业带》，《人民日报》2001 年 12 月 28 日。
[3] 《自主创新为深圳发展提供澎湃动力》，《人民日报》2016 年 5 月 18 日，新华网。
[4] 同上。

(三) 发展知识密集型产业形成知识员工生态体

近几年，深圳市的高新技术产业发生了进一步的分化，部分企业转型为知识密集型产业，表现为：创意成为生产的主要内容、知识的占有程度成为分配的主要依据、知识消费成为主导消费、知识劳动者成为社会的主要就业者。在这四大特征里，深圳表现最为明显的是，知识劳动者的从业人员和从业比重在逐年增加，大批市场化的创意产业和孵化器在逐渐兴起。当前由中国企业联合会、中国企业家协会发布的 2017 中国企业 500 强榜单中，中国平安、华为、正威、招商、万科、腾讯等 27 家深圳企业上榜，体现了深圳高新技术、金融、互联网、先进制造等产业优势，而这些企业大都是以知识创造为核心产品的。①

(四) 整合国际资源形成全球创新生态体

进入 21 世纪，中国加入 WTO，与国际经济日益融合，深圳电子信息产业不断与国际接轨，参与国际分工，在国际市场进行资源配置。建立国际化的市场机制，充分利用国际市场，使深圳高新技术产业不断创新和发展，表现在：

第一，市场国际化。以电子信息产业为例，如今华为已经成为一家经营稳健的国际化公司，2017 年实现销售收入 925.49 亿美元，其中海外合同额达 70% 以上。华为的产品和解决方案已服务于全世界 70% 的 TOP50 运营商，英国电信、意大利电信、法国电信、西班牙电信等多家领先运营商都是华为的客户。

第二，开放式创新。通过在全球范围内配置资源，使市场机制在全球范围内发挥作用，更好地利用全球资源，对于深圳的高新技术产业最重要的是资本和技术资源。② 如 1999 年，腾讯公司只是赛格工业园的一家小公司，在深圳首届高交会上被风投公司看中，美国数据集团和李嘉诚旗下的香港盈科数码一举投下 220 万美元，保障腾讯成功越过"死亡谷"，有了今天年度总收入达 2377 亿元的腾讯。③ 深圳的高科技企业通过参与国际市

---

① 冯立果：《从"大"走向"伟大"——2017 中国企业 500 强分析报告》，《企业管理》2007 年第 9 期。
② 方斐：《中国国有商业银行境外机构的经营策略研究》，硕士学位论文，浙江大学，2009 年。
③ 倪坚等：《大学生创业系列谈 创业之"How much"》，《职业》2009 年第 21 期。

场,加强了与国外企业的技术交流与合作,如华为在5G的各个领域与国外巨头展开了合作。通过技术的交流与合作,提升了华为产品的国际竞争力,也使其产品能迅速进入合作企业所在国市场。

第三,市场规则国际化。深圳已基本建立能够按国际惯例运行的市场机制。高新技术企业能按照国际惯例和规范生产经营,与国际市场接轨,如特区的价格体制、货币体制、产品的质量标准、各种认证体系都能很好地与国际市场衔接,从而进一步提升了本地产品的国际竞争力。

第三节 科技创新深圳模式的关键要素

从创新的驱动力角度来看,深圳走的是"技术、商业、金融、制度(政府)"四轮驱动模式。优秀的商务模式+先进的技术创新组成前轮驱动,便利的融资渠道+宽松的制度环境组成后轮驱动。政府不仅扮演了创新环境塑造者的角色,而且承担了基础理论创新的投资者和创新产品的试用者角色。政府的作用最终体现在两点上:一是创新资源获取的便利性;二是创新成果价值实现的便利性。深圳市政府在这两点上做得都不错,走出了一套独特的"有效市场+有为政府"的全面创新发展之路。

一 坚持企业主体 激励自主创新

深圳市坚持以企业作为创新主体,在知识创造源头的大学、科研机构相对紧缺的情况下,依靠市场经济和自主创新走出了一条企业内生研发力量的创新发展之路。坚持以市场为导向,在快速应对市场需求的同时,加快了产品开发的进程,实现了基于产品开发平台的技术和市场的紧密结合,是链式创新模型的最好体现。基于此,深圳市衍生出了科技人才群落、科技创新载体、科技金融群落等,逐渐形成深圳特色的科技创新生态系统,逐渐成长出了诸如华为、中兴、光启研究院、华大基因等国内外认可的技术研发企业。借助于完善的科技金融服务体系,深圳市可以更加便捷地实现创意和新技术的市场转化,加之快速的技术产品开发能力,其先后实现了从模仿创新、渐进性创新,而后走向本源性创新的自主之路。

二 坚持市场导向 推动产业升级

深圳市的科技创新始终坚持以面向市场、产品开发为导向，从初创阶段开始，就坚持深港合作和国际化贸易，瞄准全球市场，通过引进国外企业，建立本地的加工制造产业。随着经济的不断积累，深圳不满足于外来产品的加工制造，逐渐依托一系列劳工用工、金融等全面的制度创新，推动国外产品的技术本地化和升级。随着科技载体和创新文化的不断建设，它逐渐培育起以企业为核心、全球市场为目标的创新体系。并且随着对基础研究的不断重视，科技产业越来越向知识密集型行业转型。

三 坚持制度变革 优化创新环境

相对于强制性制度变迁而言，深圳市的经济发展和科技创新实力的提高与诱致性制度变迁密切相关。诱致性制度变迁指的是现行制度安排的变更或替代，或者是新制度安排的创造，它由个人或一群（个）人，在响应获利机会时自发倡导、组织和实行。深圳市劳动用工制度创新、土地改革创新、金融市场创新、国有企业领导体制改革、公务员制度创新等一系列诱致性制度创新的出现，使得深圳市的科技创新有了稳定的制度保障，进一步吸引大量高新技术企业入驻，进而吸引了大批优秀人才，逐渐形成了中小型科技企业创新＋风投、PE的科技金融种群。并且在2000年以来的科技创新政策的推动下，逐渐形成了拥有高新技术产业种群、科技人才种群、科技金融种群、创新载体种群等层次丰富的创新群落，催生了深圳市科技创新生态系统的形成与优化。

（一）技术转让平台可让创新价值快速变现

深圳市及各区都设立了技术转移促进中心，提供技术转让的中介服务。自1999年开始，深圳连续18年举办"中国国际高新技术成果交易会"，后来还与科技部共建了国家技术转移南方中心。这些交易平台可以让创新技术或成果通过转让直接实现创新者的个人价值。为支持技术交易服务，深圳率先出台了《关于促进高技术服务业发展的若干措施》，设立技术服务专项资金，成立科技服务业协会，积极培育和壮大科技服务市场主体，形成了涵盖研发设计、技术转移、知识产权等在内的科技服务体系。① 深圳成为国家首批科技服务体系建设试点城市和"中国创新驿站"首批试点地区。

（二）健全创业支持制度使创新价值实现最大化

在深圳，创业成为创新价值实现的一个手段和过程，成为内在于创新生态系统的一个重要因素。深圳的马化腾、汪滔等人是年轻人创新创业致富的榜样。深圳政府积极出台一系列鼓励创业的政策措施，涵盖市场准入、企业融资、创业培训、创业园区建设等创业的各个环节。深圳市于1987年颁布的《关于鼓励科技人员兴办民间科技企业的暂行规定》，允许科技人员用专利等知识产权入股。1997年，深圳就在全国率先开展了行政审批制度改革，至今已经开展了7轮。2013年，深圳启动商事登记制度改革，让创业门槛更低。2016年，出台了《关于促进科技创新的若干措施》和《关于支持企业提升竞争力的若干措施》。深圳的大企业也支持员工利用自己的创新技术创业，如腾讯公司为离职创业的员工建设了"单飞企鹅俱乐部"。如图1-2所示，深圳创业企业数量正高速增长。

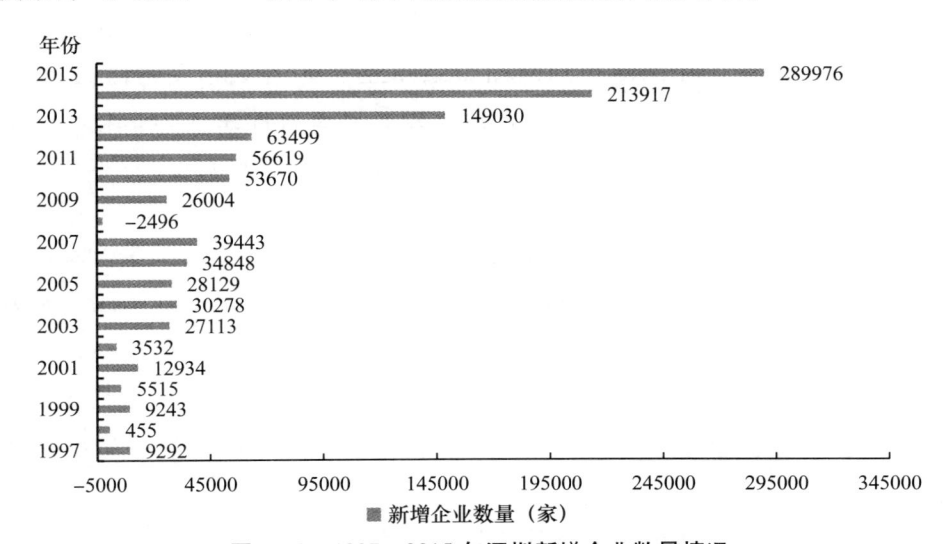

年份	新增企业数量（家）
2015	289976
2014	213917
2013	149030
2012	63499
2011	56619
2010	53670
2009	26004
2008	-2496
2007	39443
2006	34848
2005	28129
2004	30278
2003	27113
2002	3532
2001	12934
2000	5515
1999	9243
1998	455
1997	9292

图1-2 1997—2015年深圳新增企业数量情况

资料来源：1998—2016年深圳市统计年鉴。

---

① 深圳市科技创新委员会：《打造"中国硅谷"——深圳创新驱动发展情况综述》，《中国科技奖励》2016年第11期。

(三) 企业合伙制推动组织内部创新价值实现

深圳按照劳动价值分配制度，已经深入各阶层的组织，为创新者提供制度保障。深圳在全国范围率先打破"大锅饭"，1982 年全面试点工资改革，改善劳动分配，在中国内地率先实行"基本工资＋绩效奖金"的结构工资制。在深圳的华为，劳动和资本的合伙制是公司价值分配的基础，分配方式中劳动所得（包括 TUP/工资/奖金/福利等收入）与资本投入所得（指虚拟受限股收入）设置合理的分配比例，让拉车的人永远比坐车的人拿的多，华为上万人年薪百万，上千人年收入达到 500 万元。创新者看到华为的分配机制，愿意进华为，锐意去创新。目前，员工持股企业在深圳所占比例正在快速上升。

(四) 知识产权保护为创新价值实现保驾护航

深圳市历来重视知识产权行政执法和司法保护，为创新者提供法律庇护，全面推进行政、刑事、民事三审合一，先后颁布和修订了《深圳经济特区加强知识产权保护的若干规定》《深圳市互联网软件知识产权保护若干规定》《深圳经济特区技术秘密保护条例》等法规。首创知识产权保护社会参与机制，设立全国第一个知识产权法庭，设立知识产权保护中心，建立知识产权保护信息共享和线索通报制度。全面打造"大市场、大监管、大标准、大质量"体系以及"大知识产权"管理体系。①

四 坚持创新至上 确保创新活力

学术界对创新文化在创新生态体系中的重要作用都非常认同，创新文化是创新生态体系中难以复制的基因。深圳文化就是一种创新至上的文化，深圳特区的产生就是伟大的创新之举，特区政府和人民近 40 年来一直不断创新，推崇创新、支持创新和保护创新成为特区文化的主旋律。

(一) 设立深圳特区本身为引领创新之举

中央决定设立深圳特区，就是中国改革开放的创新之举。深圳特区自

---

① 许勤：《深圳将设创客国际舞台》，《南方日报数字报》2015 年 3 月 12 日，南方网。

1980年成立以来，敢闯敢争第一，曾创造了许多震撼全国的创新。[①] 建区之初，深圳就发出了"时间就是金钱，效率就是生命""实干兴邦，空谈误国"的新呐喊；20世纪80年代末90年代初，又推出了"按国际惯例办事"的新理念；90年代中后期，又提出了"不让雷锋叔叔吃亏"的新思维。这些超前而崭新的观念，就是"创新至上"深圳文化的原始基因，使创新生态体系始终保持着创新的活力。

（二）移民文化倡导创新乃生存之道

深圳是一座移民城市，移民的敢闯敢拼精神为创新提供了源源不断的动力。移民一般都比较年轻，除了自己的生活外，没有其他负担，创新的机会成本较低，所以敢于创新。另外，移民离别家乡来到深圳，没有亲人可以依靠，必须靠自己的创新才能找到生存之道。

（三）平等赋予深圳人创新创业机会

"来了就是深圳人"，深圳赋予每个来深圳的人平等竞争的机会。在深圳，无论是机关公务员还是公司员工，都没有作为"外乡人"的心理压力。[②] 深圳"排污不排外"，不以"非我族类，其心必异"的狭隘心理对待异质文化。人们不嘲笑事业上的失败，不打压观念上的新奇，不歧视生活方式上的独特，体现出一种文化平权主义。深圳市的很多资源对来深圳的人都是开放使用的，包括图书馆的图书资源、政府支持的各类讲座、用于相互交流的公园等。

（四）包容宽待解决实践者后顾之忧

深圳倡导"支持改革者，容忍失误者，惩处腐败者"，在全国率先制定了保护外来劳务工条例，使在深圳务工的广大劳动者的合法权益得到法律保护。2006年出台的《深圳经济特区改革创新促进条例》，写入"宽容失败"的条文。时隔十年，2016年出台的《关于支持改革创新建立容错纠错机制的若干规定》再次强调，"支持改革创新，宽容失误"。深圳这座城市，容忍失败，看重个人潜力和创新能力的文化，鼓励着创新者大胆地创新和变革。

[①] 吴忠：《论深圳文化的特色与定位》，《产经评论》2004年第1期。
[②] 同上。

五 坚持人才优先 保障创新供给

人才是创新生态体系中最关键的资源，创新生态体系中的其他资源都是以人才为中心配置的，人才强则生态强，人才弱则生态弱。深圳市政府一直很重视人才，制定并实施了"人才强市"战略。政府对人才流动持开放态度。1992年，深圳市政府首次组团赴海外招聘人才，开全国先河。政府先后出台实施高层次专业人才"1+6"计划、孔雀计划"1+5"意见、"人才安居"工程、积分制人才引进办法等一系列专项人才政策。2016年制定实施了"人才新政81条"，2017年又推出"十大人才工程"，《深圳经济特区人才工作条例》于2017年11月1日起施行，每年11月1日为"深圳人才日"，不断强化的人才政策有力促进了创新人才集聚和发展。

（一）宽松的落户条件降低潜在创新者的进入门槛

为吸引人才，深圳主动打破户籍、年龄、身份、人事关系等影响人才合理流动的"壁垒"。深圳的入户门槛相对较低，作为国内一线城市，具有普通高等教育专科以上学历，且年龄在35周岁以下的人员；具有中级专业技术资格，且年龄在45周岁以下的人员；具有技师职业资格，且年龄在40周岁以下的人员，都可以申请落户深圳。即使户口没有迁入，自2008年开始，深圳实施居住证制度，持有深圳"居住证"的居民子女，可在深圳接受义务教育；持有10年长期"居住证"的居民将被纳入社会保障体系，充分践行"来了就是深圳人"的承诺。

（二）优厚的资助条件吸引世界各地的高端创新者

深圳对创新人才不但想引进来，还设法留得住，为认定的创新人才提供购房补贴、租房补贴、生活补贴、创业项目补贴、创新项目资助等，目前每年的人才补贴和奖励预算为44亿元。2014年出台《深圳市人才安居办法》，学士都能领取1.5万元补贴，院士的购房补贴上千万，海外高层次人才的奖励补贴最低也有160万元。2016年5月4日，深圳市委市政府发布《关于促进人才优先发展的若干措施》，财政每年拨款10亿元用于人才建设。深圳对人才的诚意感动了国内的优秀人才，百度地图《2017年第二季度中国城市研究报告》中，在全国60个主要城市人口吸引力榜单综合排名中，深圳蝉联第一。深圳海外人才引进数量从最初的不足千人，到连续17年超千人,目前已经达到6万人的规模。

（三）柔性人才引进方式提高创新资源的流动速度

柔性引进是一种灵活、弹性的人才引进机制,其最大的特点为:不求所有,但求所在;不求所在,但求所用。2002年,出台《深圳市办理人才居住证的若干规定》,确定了户口不迁、关系不转、双向选择、自由流动的人才柔性引进机制。① 后期,深圳通过人才"1+6"文件建立了体现能力、突出业绩以及适应该市发展目标、切合产业发展方向的高层次专业人才评价标准体系,并明确高层次专业人才住房问题、子女入学问题、配偶就业问题、学术研修问题以及国（境）外高级专家特聘岗位设置的解决办法。这些政策文件对人才的柔性引进工作做出指引。深圳的柔性引才机制在医疗卫生"三名"工程②中发挥了重要作用。柔性引进的人才既可来深圳开展创新工作,又可以在自己现有岗位上承担与深圳单位联合创新工作,加快了创新资源的流动速度。

（四）企业全球战略布局把控创新资源流动主动权

企业研发中心是企业凝聚人才开展技术创新的平台和基地,也是企业自主创新能力提升的关键环节。③ 深圳企业在全球布局设立研发中心,主动利用国外的创新资源,将创新生态体系延伸到全球范围,有利于将异质性创新资源引入体系内,加快创新种群进化的速度。华为早在1999年就在俄罗斯设立了数学研究所,吸引俄罗斯顶尖的数学家参与华为的基础性研发,到2016年底,华为累计在全球布局了47个研发中心。④ 中兴公司累计在全球布局了20个研发中心。金蝶公司2010年在新加坡成立了首个海外研发中心。比亚迪公司2015年在巴西设立研发中心。至2016年底,华为、华大基因等企业已在"一带一路"沿线国家设立一批研发中心,境外投资1000万美元以上的研发企业累计达85家。根据规划,未来深圳将

---

① 王洪军:《高校柔性引进高层次人才的现状及问题分析》,《人才资源开发》2016年第16期。
② 三名工程的具体内容:2014年,深圳市政府出台了《深圳市"医疗卫生三名工程"政策措施》。以引进和培育名医（名科）、名医院、名诊所为重点的"医疗卫生三名工程",旨在全面提升深圳经济特区医疗卫生质量,打造国际医疗中心。
③ 秦洪花:《国内外企业研发中心的发展模式及我国发展对策与建议》,《中国科技成果》2013年第17期。
④ 张璐晶:《华为靠什么在墨西哥立足?》,《中国经济周刊》2015年第20期。

在国际创新资源高度密集的美国、英国、法国、德国、比利时、以色列等国家布局，分批建设10个海外创新中心。

六 坚持载体建设 提升创新平台

创新载体是创新成果的出生地，创新生态体系的进化成果直接就在创新载体中显现。创新载体的建设需要投入大量的资源，但创新成果的产生之日离其产生经济价值回报之时一般都比较远，企业建设应用技术创新载体会受到较大的资金压力，而基础研究方面的创新载体，只有政府才有动力投入。因此，创新载体的建设，多数情况下离不开政府财政资金的支持。深圳市政府在创新载体建设方面的投入力度一直都是只增不减。

（一）稳步推进科技创新重大基础设施建设

重大科技基础设施就像创新资源的"聚宝盆"，其强大的科技资源集聚能力，随着重大设施布局的扩大，集群化优势将不断显现。其产生的大量基础性创新成果，能够辐射和带动区域经济发展，极大增强区域的源头创新能力和竞争力。深圳已经建成三大重大科技基础设施，国家超级计算深圳中心（投资12.3亿元）于2011年建成并投入运行，大亚湾中微子实验室（投资1.6亿元）于2007年动工并于2011年运行，国家基因库于2011年1月获批立项并于2016年6月建筑主体工程完工，建设期间已经产生多项世界级创新成果。由深圳参与建设的"未来网络试验设施重大科技基础设施"项目，2017年初获得国家批准。

（二）高等教育的国内外合作办学亮点频出

深圳的高等教育由于历史原因成为其创新生态体系中的重要短板，为发展高等教育，深圳市政府创新了多种发展模式。1999年建立的深圳虚拟大学园，是深圳市委、市政府按照"一园多校、市校共建"模式建设的产学研结合创新园区，聚集了58所国内外知名院校在深设立研发机构240家。2000年，深圳联合清华大学、北京大学和哈尔滨工业大学共同创办"深圳大学城"——以培养全日制研究生为主的研究生院群，已经成为高层次人才培养和聚集、高水平科研、高新科技信息和高层次国际交流的平台。2014年正式招生的香港中文大学（深圳）与深圳北理莫斯科大学和深圳吉大昆士兰大学组成深圳东部国际大学城。2017年4月，由2013年诺贝尔化学奖得主阿里耶·瓦谢尔教授领衔的香港中文大学（深圳）瓦谢尔计算生物研究院和由2012年诺贝尔化学奖得主布莱恩·科比尔卡教授领衔的香港中文大学（深圳）科比尔卡创新药物与转化医学研究院同时成立。

（三）各类创新载体不断优化产出绩效显著

截至2016年底，深圳各类创新载体有1493家，它们在政府的支持和引导下，创新绩效正在不断优化。一是通过载体建设集聚了大批科技创新人员；二是加速科技成果的产业化进程；三是发挥了财政资金引导社会创新投入的作用。①

（四）体制机制改革助力创新载体不断突破

深圳自1996年与清华大学共建清华大学深圳研究院开始，就一直探索体制机制创新的新型研发机构建设，采取"民办官助"的形式建设了中科院先进技术研究院、深圳光启高等理工研究院、深圳国创新能源研究院、圆梦精密制造研究院等新型研发机构200多家。② 2012年12月，深圳市科技创新委员会制订了《深圳市促进科研机构发展行动计划（2013—2015年）》，新型研发机构的投资主体多元化、管理运作市场化、科研导向国际化、创新成果产业化、成果转化多样化和创新融资项目化，体制机制创新推动新型研发机构得以快速成长。中科院深圳先进技术研究院经过10年的发展，目前高层次人才规模达2243人，拥有501名海归精英，院士2人，国家"万人计划"科技创新领军人才2人、"千人计划"32人、"百人计划"38人，建成广东省创新团队7支、深圳市孔雀团队2支，成为国内海归密度最高的研究机构之一。③

2010年底，获教育部同意筹建的南方科技大学承担着中国高校管理体制机制改革探路者角色，从初期秉持"自主招生""自授学位""去行政化"的改革理念到后期调整的"弱行政化"理念，去除行政干预学术，实现教授治校和行政执行力的统一。校学术委员会在教师聘任、职称评定

---

① 李永华：《坚持自主创新战略的深圳实践》，《行政管理改革》2016年第9期。
② 王勇、王蒲生：《新型科研机构模型兼与巴斯德象限比较》，《科学管理研究》2014年第6期。
③ 陈姝、樊建平：《全球寻找"千里马"》，《深圳商报》2015年8月25日。

等学术有关的事务中行使决策、审议、评定和咨询等职权。① 新的体制机制改革给南科大带来强大的成长能力，目前引进的 357 名教师中，包括 14 名院士、36 名国家"千人计划"入选者、13 名"国家自然科学基金杰出青年基金获得者"、60 名"青年千人计划"入选者、147 名入选深圳市"孔雀计划"。其中，90%拥有海外工作经验、60%拥有在世界排名前 100 名大学工作或学习的经历。其国际化程度和科研师资水平甚至超过不少"双一流"大学。② 深圳首个以诺贝尔奖得主领衔的实验室——格拉布斯研究院已经在南科大成立。

七 坚持知识共享 丰富创新资源

OECD 的《国家创新系统》报告指出：在人们、企业和制度之中的知识流动对于创新过程是关键性的。③ 广泛的知识共享网络和快速即达的创新传导途径能够激发创新的萌芽与成长，把每个潜在关系变成一个互惠的实实在在的经济交易和学习交流，把任何一个经济环境变动和技术事件转换为真正的效益增长和创新提升机会。创新种群之间知识自由流动，相互促进强化了种群共生进化的能力。

（一）图书馆之城让科学技术知识随处可取

深圳建立了公共图书馆设施网络、图书发行网络和全国文化信息资源共享工程深圳支中心等社会知识共享的基础设施。它有罗湖、中心和南山三大书城，遍布深圳市的图书发行网点 37 个。④ 另外，还有文化信息资源共享工程服务点 463 个。根据深圳市 2016 年统计年鉴，全市有公共图书馆 620 座，总藏书 3282 万册，与"城市街区 24 小时自助图书馆系统"构成公共图书馆设施网络，形成城市生活的"十分钟图书馆服务圈"。深圳的公共图书馆全面、全天候开放，几乎没有任何门槛。到 2020 年，将基本建成覆盖全市、布局均衡、资源丰富、技术领先、互联互通、便捷高效的一体化、现代化、智慧型"图书馆之城"，借助现代信息技术，将使创

---

① 沈超、郑霞：《新型研发机构助力广东创新驱动发展》，《广东科技》2015 年第 10 期。
② 林祎姗：《南方科技大学治理结构研究》，硕士学位论文，暨南大学，2016 年。
③ 曾国屏等：《从"创新系统"到"创新生态系统"》，《科学学研究》2013 年第 1 期。
④ 陈博：《经济新常态下的政府新职能：社会知识管理职能》，《特区经济》2017 年第 1 期。

新所需的知识资源随处可取。

（二）领先的知识分享技术让知识随时可用

1998年11月在深圳成立的腾讯公司，于1999年2月自主开发的基于Internet的即时通信网络工具——腾讯QQ，支持知识的分享、储存和搜索等，并可与多种通信终端相连。由多个具有共同兴趣的QQ用户组建的QQ群，提供小群体网络交流活动平台，群成员可以基于利他动机和自我发展动机分享自己的知识，通过移动通信技术，这些知识随时可用。后期的微信产品将知识分享的功能进一步扩展，用户不仅可以分享自己的知识，还可以相互推荐有价值的知识。截至2016年12月31日，深圳市网民规模达到965万，其中97.7%的人使用微信。① 据统计，深圳网民中，20.6%的人曾通过网络创业，28.6%的人在未来一年内有通过网络创业的计划。② 区块链技术的广泛应用，使网络信用体系的建立难度大幅下降，将更有助于知识分享。

（三）能力提升资助计划引导个人能力提升

从2008年至2016年，深圳市总工会首创的圆梦计划已成功举办九届，累计投入经费4500万元，共资助6525名优秀农民工和困难职工报读专本科学历教育，为2万多名职工提供了免费的职业技能培训和中职教育。深圳市盐田区政府与高校合作每年资助500名从业人员提升学历，个人仅承担学费的20%。全市社区开展各类教育培训覆盖率为95%以上。国内外著名高校在深圳设立的培训机构为高端人才能力进阶提供了机会。这些能力提升资助机制为市民提高创新能力奠定了基础。

（四）定期举办的各类论坛让知识快速导入

已经举办了十八届的高交会，每次盛会都有各种权威机构举办的高端发布会和各种论坛会议、沙龙等活动，第十八届会议期间举办以上活动243场，32位外国政府高级官员、诺贝尔奖获得者、院士、国内外知名专家学者参加了论坛并发表了演讲。2004年开始举办的国家级、国际化、综合性的文化产业博览交易会，已经连续举办了十三届。还有各行业协会组织的各

---

① 晏敬东等：《基于生命周期理论的微博舆情引控研究》，《情报杂志》2017年第8期。
② 中商产业研究院：《2016深圳互联网发展状况研究》。

种技术发展论坛,将行业的最新技术发展资讯带入了创新生态体系。

(五) 深港合作推动知识的双向流动与共享

2007年5月,深圳和香港签署《"深港创新圈"合作协议》,标志着深港创新圈建设正式启动,深港合作进入更深层次、更宽领域、更高水平的新时期。以深港创新圈为主体的源头创新体系建设已基本完成,形成物理空间布局合理、技术层次分布均衡、创新人才梯队整齐、产业汇聚优势明显、辐射引领作用不断强化的创新圈,深圳的资源性和原创性缺乏问题得以缓解。① 截至2016年底,6所香港院校累计在深联合培养各类人才9211名,在深设立科研机构72家,承担国家、省部级及市级科技项目1128个,获得专利110余项,转化成果及技术服务269项;注册企业79家,注册资金约2.9亿港元。②

八 坚持资本力量 助推创新转化

创新成果的价值发现依靠谁?靠政府?这条路已经被证明走不通,市场化改革经验表明要靠资本市场。资本市场有着成熟的价值发现机制,创业投资机构、证券投资机构、研究机构等会对从初创期到上市公司的各类市场主体进行持续的调研和评估,经过不断博弈形成相对公允的市场价格。③ 截至2016年底,深圳市银行业总资产7.85万亿元,法人证券公司总资产1.25万亿元,法人保险公司总资产3.6万亿元,三者合计约12.7万亿元,金融业资产规模稳居全国第三。深圳市政府深知资本市场在创新生态体系中的重要地位,大力扶持和发展资本市场,通过银政企合作、科技保险、天使投资引导、股权投资等支持方式,撬动银行、保险、证券、创投等资本市场各种要素资源投向科技创新。④

(一) 风险投资市场

创新企业最重要一跃都离不开资本的扶持。⑤ 早在1999年,深圳市政

---

① 程宏璞:《深圳和香港的合作机制及其改进》,硕士学位论文,复旦大学,2013年。
② 佚名:《深港携手打造世界级创新引擎》,《深圳特区报》2017年6月16日第A1版。
③ 焦津洪:《借力资本市场发展战略性新兴产业》,《深圳特区报》2017年7月23日。
④ 杨婧如:《深圳"掘金"湾区经济》,《深圳特区报》2014年3月7日。
⑤ 《深圳成为中国硅谷的秘密》,《南方日报》2015年5月22日。

府就发起成立专业从事创业投资的深圳市创新投资集团有限公司（以下简称"深创投"）。目前，深圳地区是全国本土创投最活跃的地区，VC/PE 机构接近 5 万家，拥有创投机构数量占到全国的三分之一，注册资本约 3 万亿元，前 20 强有一半是来自深圳的创投企业，全国 1/3 风投创投人才队伍在深圳，使得深圳成为全国管理本土投资资本总额最多、创新动力最充足的地区。深圳已经形成较为成熟的创投生态体系，正朝着国际风投创投中心城市迈进。据《深圳金融发展报告》统计，截至 2015 年底，深圳创投机构管理资本总额超过 4000 亿元。深圳创业风险投资项目涵盖网络、IT 服务业、生物科技、医药保健、IT、新能源、高效节能环保技术等 20 多个细分行业，投资行业类型丰富。在各创投机构的共同努力下，深圳成功投资培育了 3 万多家科技型企业。[①]

（二）传统银行的科技金融支持

2016 年底，深圳市金融机构本外币存款余额 6.44 万亿元。深圳信贷市场积极发展中小型科技企业融资服务，政府通过鼓励科技项目贷款、成立科技支行、组建信贷资金池等方式加大了对科技型中小企业的信贷力度。截至 2016 年底，银政企合作项目累计入库 917 项，政府对入库项目给予 5000 多万元贴息支持，300 多个入库项目获得合作银行 40 多亿元贷款。深圳科技企业信贷款余额逐年上升，在很大程度上改善了中小型科技企业的融资难问题。

（三）证券市场直接融资支持

科技企业在深圳证券市场直接融资有三个渠道，即主板市场、中小企业板市场和创业板。截至 2016 年底，深圳境内上市公司达 233 家（其中，中小板 94 家、创业板 62 家），排名全国第六；境内上市公司总市值 4.35 万亿元，排名全国第三。深圳市共有"新三板"挂牌公司 697 家，其中创新层 65 家。2016 年，深圳共有 92 家上市公司通过资本市场募集资金，融资达 1101.92 亿元。资本市场的定价机制，帮助科技创新者实现了自己的价值，成就了不少科技创新的亿万富翁。[②]

---

① 佚名：《深港合作理念不变决心不变力度不变》，《南方日报》2009 年 6 月 24 日。
② 王闵微：《深港金融合作研究》，博士学位论文，吉林大学，2011 年。

第二章 开放式多样性强竞争的综合创新生态体系

深圳在积极有为政府的推动下，充分发挥市场竞争机制的决定性作用，形成了大企业"顶天立地"、中小企业"漫山遍野"的多样性科技企业群落；面向全球人才资源开放，形成高端人才引领、中低端人才支撑的多层次科技人才群落；嫁接全球高端科研平台，打造以重大科技设施为基础、新型科研机构和企业工程实验室为主体的竞争性创新载体群落；对接全球资本市场，构建政府财政资金、银行、保险、证券、创投等各类资本参与的多层次科技金融生态圈。整体上，深圳围绕人才这个核心资源建设了创新主体相互依存、创新要素协同的开放性多样性强竞争的综合创新生态体系。正是有了这样的创新生态体系，深圳的科技创新有了自己的特有基因，形成了科技创新城市的特色，并将通过创新生态的演化，确立其在全球竞争中的优势地位。

第一节 科技创新生态体系理论与实践

一 科技创新生态体系创建实践

20世纪40年代末，美国政府开始广泛地提倡科技创新活动，逐步推进城市创新体系的建设。它基本上是沿着科学研究、应用开发、企业生产和营销的线性思维模式来促进创新，强调基础科学研究的投入，产生了很多的先进成果。20世纪80年代，日本大量引进美国的先进成果，并将其产业化，形成了自己独特的产业竞争力。研究表明，这种产业竞争力并不完全来自市场竞争对企业的压力，政府构建的产学研协作创新体系发挥了引导产业创新的重要作用。创新系统的观点开始进入研究者的视野，加上人们对知识资源流动分享认识的深化，同时，企业主动与研究机构开展合作的案例开始增加。随后，OECD 于 1994 年启动"国家创新体系研究项目"（NIS project），两年后相继发表《以知识为基础的经济》和《国家创新体系》① 两个报告，标志着已经形成对知识经济时代和国家创新系统概念的共识。

美国总统科技顾问委员会（PCAST）于 2004 年发表《维护国家的创新生态体系：信息技术制造和竞争力》，② 该报告认为，国家的技术和创新领导地位取决于有活力、动态的"创新生态系统"，这是第一次正式提出"创新生态系统"（Innovation Ecosystem）。2005 年，美国竞争力委员会的《创新美国：在挑战和变革的世界中实现繁荣》报告，则提议要形成一个符合 21 世纪发展要求的"创新生态系统"。创新生态理念改变了过去只注重创新活动本身的狭隘观点，它更加突出创新主体之间的互动性，以及与外部环境之间的依存性，而彼此之间关系的融洽程度可能会影响甚至决定着区域系统创新的成败。③

中国政府对创新生态体系的关注始于 2011 年，科技部办公厅和中国科技发展战略研究院共同举办了"创新圆桌会议"，探讨创新生态体系对相关政策的启示。此后，建设创新生态体系的思想向地方政府决策层渗透。2012 年，深圳市政府工作报告中提出"构建充满活力的创新生态体系"。同年，深圳市委、市政府在全国科技创新大会做了"营造创新生态，加快建设国家创新型城市"的发言。2014 年，时任深圳市委副书记、市长许勤在第八届中国产学研合作创新大会暨 2014 年中国产学研合作促进会年会上表示要"着力完善多主体联动、多要素协同、多领域合作的综合

---

① OECD, *The Knowledge Based Economy and The National Innovation System*, 1996 – 1997.
② PCAST, *Sustaining The Nation's Innovation Ecosystems: Information Technology Manufacturing and Competitiveness*, 2004, p. 5.
③ 龙海波、杨超：《区域创新生态体系建设的探索与思考》，《发展研究》2014 年第 11 期。

创新生态体系，加快建设国际化创新中心"①。2014年6月9日，习近平总书记在中国科学院第十七次院士大会、中国工程院第十二次院士大会上的讲话中指出，要加快建立健全各主体、各方面、各环节有机互动、协同高效的国家创新体系。2017年7月12日的国务院常务会议再次聚焦"双创"，李克强总理在会上首次提到要创造生机勃勃的双创"生态环境"。深圳的创新生态体系应该早在建立特区之日就开始创建，目前的系统论述是在理论研究形成体系以后，用理论成果将深圳的实践经验体系化了。

二 科技创新生态体系理论研究

城市创新生态系统是指在某个城市内部，城市创新群落与创新环境之间以及城市创新群落内部相互作用和相互影响的有机整体。创新群落包括该城市中各类企业和各种服务机构；创新环境包括体制、政策、法制、市场和文化等要素。创新主体、服务机构与创新环境形成相互依存、相互促进的良性生态循环，统一于创新的整个动态过程中。② 这是国内比较早提出的一个城市创新生态系统的概念。学术界对创新生态理论的发源基本上认同于两本专著，即1994年出版的《地区优势：硅谷和128公路地区的文化与竞争》指出，硅谷的优势在于其以网络为基础的地区性产业体系，鼓励体系内企业协作又相互竞争，开放且相互学习，灵活且易于调整③；2000年出版的《硅谷优势：创新和创业精神的栖息地》指出，硅谷作为高技术创业企业的栖息地，如同自然界的动植物栖息地一样，具有复杂、动态、相互依存的特征④。以这两本专著为代表的一系列有关硅谷的研究，强化了学界对"创新生态系统"的认知，即从生态学角度认识硅谷的优势，认为硅谷的发展动力在于其拥有一个动态、开放、强有力的知识生态体系。

国内学者赵放和曾国屏结合创新系统理论强调的"主体之间相互依

---

① 许勤：《完善综合创新生态体系 加快建设国际化创新中心》，《中国科技产业》2014年第12期。
② 隋映辉：《科技创新生态系统与"城市创新圈"》，《社会科学辑刊》2014年第2期。
③ 安纳利·萨克森宁：《地区优势：硅谷和128公路地区的文化与竞争》，曹蓬、杨宇光等译，上海远东出版社2000年版。
④ 李钟文等：《硅谷优势：创新和创业精神的栖息地》，人民出版社2002年版。

赖"和生态学强调的"主体与环境的相互作用",将创新生态系统的各类组成要素统一到一个"中心—外围"的结构分析框架之中,分析了微观、中观和宏观三个层次创新主体(中心)和环境(外围)范畴的变化。微观视角侧重于系统中企业个体行为分析,揭示环境与创业之间的互动关系;中观视角一类是产业创新生态系统,另一类以区域创新生态系统为代表,以研究、开发和应用三大群落为核心,侧重于"产—学—研"合作和集群式发展的研究以及"文化"在创新生态系统中的作用;而宏观视角下的创新生态系统往往从更高的层次注重"技术与经济"的社会景观。[1] 柳卸林等从国家科技的资助和完成方式上,从创新生态的角度,探讨如何提高国家科技计划的效率和产业创新的能力,提出了创新生态的三个构成部分:技术生态、产品生态和产业创新生态。[2] 梅亮等系统论述了创新生态体系的源起、知识演进和理论框架。[3] 吴金希等概括了创新生态体系概念,分析了创新生态体系的本质、分类和典型特征,认为创新生态体系是指多个创新主体之间,基于某些技术、人才、市场、运作模式、文化等共同的创新要素而形成的相互依赖、共生共赢,并且具有一定的稳定性、独立性的一种组织体系。[4]

三 科技创新生态体系基本特征

科技创新生态系统是与自然生态系统类比而产生的范畴,必然具备与自然生态系统相似的基本特征,但科技创新生态系统是一个社会系统,除了自然特性之外,也将具有社会政治特征。关于创新生态体系的特征,已经有不少学者展开了研究。胡斌从成员和系统两个角度思考产业创新生态系统的特征,产业生态系统成员具有生态性、决策活性、智慧性特征;产业生态系统则具有相互适应、共同进化的系统化、集成化、创新性特征。[5] 戴宁认为,产业创新生态系统具有动态演化性、协同进化性、竞争性、多

---

[1] 赵放、曾国屏:《多重视角下的创新生态系统》,《科学学研究》2014年第12期。
[2] 柳卸林等:《基于创新生态观的科技管理模式》,《科学学与科学技术管理》2015年第1期。
[3] 梅亮等:《创新生态系统:源起、知识演进和理论框架》,《科学学研究》2014年第12期。
[4] 吴金希等:《创新生态体系的内涵、特征及其政策含义》,《科学学研究》2014年第12期。
[5] 胡斌:《企业生态系统的动态演化及运作研究》,博士学位论文,河海大学,2006年。

样性和平衡性等特征。① 吴金希认为创新生态体系具有相融性、增值性、开放性等特征。② 综合而言，创新生态系统应该具备以下特征。

(一) 共生进化性

摩尔(Moore)认为，任何一个企业都应该与其所处的生态系统"共生进化"，而不仅仅是竞争或合作。③ 诚如自然生态系统是在一定的空间和时间范围内，在各种生物之间以及生物群落与其无机环境之间，通过能量流动和物质循环而相互作用的一个统一整体。这是个体生物借助物质循环、能量流动、信息传递而相互联系、相互影响、相互依赖，形成具有自适应、自调节和自组织功能的复合体。④ 这个系统的核心作用就是共生进化。在创新生态系统中，企业、中介机构、科研机构、要素提供者、产品消费者等作为生态系统中的主体，彼此之间通过信息流、资金流和物质流互相影响、互相依赖，透过知识进化、技术进化、产品进化，最后推动人和组织不断进化，推动社会进步。创新生态体系经过相对长期的演化和互动，体系内部形成一套有特色的规则体系和行为习惯，甚至文化传统，创新主体之间形成了相对固定的角色和地位。⑤ 有的主体渐渐进化成为系统的核心角色，成为系统进化的主导者之一，如苹果产品生态系统中的美国苹果公司，淘宝电商生态系统中的阿里巴巴公司等。

(二) 动态性

在前述美国总统科技顾问出具的《维护国家的创新生态体系》报告中，将国家的创新生态系统视为推进技术和经济发展所必需的机构和人员的相互作用的动态系统，重点强调了创新生态系统的动态特征。创新系统总是在不断成长，且会因政策、制度和技术因素的变化而调整，还会因系统内不同主体间的互动而推动其动态演变。这一特性表明，政府可以通过便于交流的基础设施建设和政策引导主体间加强互动来推动创新。信息技

---

① 戴宁：《企业技术创新生态系统研究》，博士学位论文，哈尔滨工程大学，2010年。
② 吴金希：《创新生态体系的内涵、特征及其政策含义》，《科学学研究》2014年第1期。
③ Moore J. F., *The Death of Competition: Leadership and Strategy in the Age of Business Ecosystems*, New York: Harper Business, 1996.
④ 胡斌、李旭芳：《复杂多变环境下企业生态系统的动态演化及运作研究》，同济大学出版社2013年版。
⑤ 吴金希：《创新生态体系的内涵、特征及其政策含义》，《科学学研究》2014年第1期。

术的发展将使主体之间的互动打破时间和空间的限制,创新生态体系的动态调整将引发更激烈的竞争性。

(三)竞争性

在自然生态系统中,物竞天择、优胜劣汰、弱肉强食和适者生存,这是自然生态系统中的生存规则。适者生存的自然法则淘汰的不是某一生物种群,而是生物种群中不能适应竞争环境的弱者。所以,竞争的过程表面上看是淘汰对手的过程,实质上则是各种群不断克服自身缺陷的过程,是使自己变得更加强壮的过程。换言之,没有竞争就没有生态系统的进化。创新生态系统中,没有竞争就不会有诺基亚的倒下及其塞班体系手机的没落,也没有智能手机及其系统的崛起。各种创新物种、创新群落在创新生态系统中通过竞争,发现自身弱点,克服自身缺陷,进化成为能够适应系统变化的强者。这一特性表明,创新生态系统要限制垄断鼓励竞争,避免那种一家独大而周边茅草都不长的生态的形成。

(四)多样性

自然生态系统的多样性,主要是指地球上生态系统组成、功能的多样性以及各种生态过程的多样性,包括生态环境的多样性、生物群落和生态过程的多样化等多个方面。其中,生态环境的多样性是生态系统多样性形成的基础,生物群落的多样化可以反映生态系统类型的多样性。生态系统多样性离不开物种的多样性,也离不开不同物种所具有的遗传多样性。那些看起来没有价值的物种,却是其他有价值物种生存的基础。也就是说,不起眼的物种构成有价值物种生存的栖息地。在创新生态系统中,物种的多样性同样是生态体系可持续发展的关键所在。例如,在日本大企业创新系统中用于技术交流的"巴",和硅谷创新系统中用于知识分享的各种酒吧。只有保持多样性,才能形成复杂的生物链条,保持足够的弹性和韧性,减少外部扰动对生态体系造成的毁灭性影响。[1] 这一特性表明,要强调将人类"原生汤"中的思想、技术、人才、资金融合在一起,不控制特定的创新创造过程,只培育正确而适当的环境来激发创新的产生;不铲除各种不可预料的未知"杂草",而鼓励其自由生长,鼓励在富饶而品质独

---

[1] 吴金希:《创新生态体系的内涵、特征及其政策含义》,《科学学研究》2014年第1期。

特的环境里自由竞争产生各种新物种。①

（五）增值性

创新生态系统是一种社会组织体系，不管是企业创新生态系统还是城市（区域）创新系统，都存在一定的价值增值目标。可以说，没有价值增值目标的创新生态系统是不可持续的。创新生态系统中增值的分配方式反映了这一系统的竞争力和吸引力。例如，硅谷的公司一般都采用股份和期权的方式让创新贡献者获得他所应得的那份财富，快速地造就了很多的百万富翁，成为世界上造富最快的地方，也成功地吸引了世界各地的英才加入这个创新生态体系。在深圳，平安、华为和腾讯这类公司造就百万富翁的速度也闻名国内外，因此也帮助深圳吸引了大量的英才。这一特性表明，生产关系先进程度影响其对生产力反作用的大小，创新生态系统中，资本所有者与创新者之间对剩余价值的分配关系，直接影响了整个生态系统的活力和吸引力。

（六）均衡性

自然生态系统的一个很重要的特点就是，它常常趋向于达到一种平衡状态，使系统内的所有成分彼此相互协调，这种平衡状态通过一种自我调节过程来实现。生态平衡是一种动态平衡，因为能量流动和物质循环总在不间断地进行，生物个体也在不断地进行更新。生态系统达到动态平衡的最稳定状态时，它能够自我调节和维持自己的正常功能，并在很大程度上克服和消除外来的干扰，保持自身的稳定性。

创新生态系统中，各种群或个体之间既相互竞争又相互协调，共同作用于整个系统，使系统自发地从无序向有序的稳定状态转变。达到均衡状态后，系统内部各个成员分工相对稳定，各司其职，通过物质流、信息流和资金流的循环，使系统呈现出一定的创新能力。但是，与自然生态系统一样，创新生态系统的平衡也是动态的，在外部的物质、信息和资金进入系统后，系统的均衡可能被打破，系统成员通过竞合走向下一个均衡态。②

---

① 曾国屏、苟尤钊等：《从"创新系统"到"创新生态系统"》，《科学学研究》2013年第1期。
② 刘雪芹、张贵：《创新生态系统：创新驱动的本质探源与范式转换》，《科技进步与对策》2016年第20期。

这一特性表明，当系统的创新能力趋于下降时，应该引入外部的异质性创新资源，打破系统的均衡态，推动系统进行自我调节并进入一个创新能力更高的均衡态。

（七）开放性

任何一个封闭的系统都难以持续，创新生态系统更需要开放。没有生态系统内外之间信息、物质、资金、人才和知识的交流与分享，创新生态系统的整体创新能力就会趋于下降。自然界生物的变异需要引入异质性基因，而创新生态系统的能力变化也需要从系统外部引入异质性创新资源。开放环境中，外来创新物种的不断移入创新生态系统，促使创新生态系统不断发生着物种竞争、群落演替，甚至系统的整体涨落。在一个开放式的创新生态系统中，研究群落、开发群落、应用群落、服务群落都将保持着与外界的密切关联。[1]

第二节　科技创新生态体系各种群的功能及其演化机制

《国家创新驱动发展战略纲要》[2]中提出，要建设各类创新主体协同互动和创新要素顺畅流动、高效配置的生态系统，形成创新驱动发展的实践载体、制度安排和环境保障。在科技创新生态体系中，创新人才、创新载体、科技金融和科技产业等种群发挥着各自的功能，并共同推动生态体系演化。

一　科技创新人才种群

"十三五"国家科技创新规划提出，人才是经济社会发展的第一资源，是创新的根基，创新驱动实质上是人才驱动。深入实施人才优先发展战略，坚持把人才资源开发放在科技创新最优先的位置，优化人才结构，构建科学规范、开放包容、运行高效的人才发展治理体系，形成具有国际竞

---

[1] 李万、常静、王敏杰等：《创新3.0与创新生态系统》，《科学学研究》2014年第12期。
[2] 国务院：《国家创新驱动发展战略纲要》，2016年5月19日。

争力的创新型科技人才制度优势，努力培养造就规模宏大、结构合理、素质优良的创新型科技人才队伍。

（一）科技创新人才的概念与范畴

科技创新人才是指掌握了创新所需要的知识和技能，从事科学技术活动，具有较强的科技创新能力，在某一领域取得创新成果并对社会进步做出贡献的人。《中国统计年鉴》与《中国科技统计年鉴》中对科技创新人才的统计指标包括科技活动人员、科学研究与试验发展（R&D）人员、科学家与工程师。其中，科技活动人员是指直接从事或参与科技活动以及专门从事科技活动管理和为科技活动提供直接服务的人员；科学家和工程师指具有大学毕业以上学历或高、中级专业技术职称的人员；R&D 人员是科技活动人员中从事具有创新性科学研究的人员。本书中的科技创新人才不仅包括统计指标中所指的人才，还包括在各种制度或体制机制上进行创新的人。

（二）科技创新人才的生态功能

21 世纪是知识经济时代，知识已成为生产力诸要素中最活跃的要素，当今时代，谁掌握知识、技术，谁拥有掌握知识和技术的人才，谁就拥有竞争优势，谁就能抢占发展先机，谁就能在新一轮竞争中脱颖而出。在生态体系中，人才依托创新载体，在资本的激励下，为产业而创造新产品或新工艺等。科技创新人才种群由科学家、工程师、智库专家、技能人才和企业家等人才组成。科技创新人才在生态体系中承担以下功能：（1）隐性知识载体功能。显性知识可以以纸质或电子形式存储，但隐性知识是储存在人体大脑中的知识，在未被显性化之前，只能依附于人体。创新过程中，隐性知识发挥着关键性作用，人才必然成为生态体系中的第一资源。（2）动态调整功能。人才是流动的，随着人才的流动，生态体系呈现动态的变化。创新生态体系中，正是通过体制机制的变化引导人才的流动，推动生态体系整体向良性发展的方向演化。（3）价值增殖功能。人才的创新成果为人类创造了新的使用价值，这种使用价值一旦被市场认可就可以转化为价值，从而实现价值增殖功能。

（三）科技创新人才种群的演化机制

科技创新人才种群在群内各主体之间相互促进的过程中不断进化。科学家跟踪世界科技前沿创新出世界上目前未曾有的概念或做法,在理想状态下试验做出模型。工程师创新工具将模型实用化,成为被市场认可的产品,并实现大规模的生产。高技能人才就是将产品具体生产出来,在此过程中通过创新解决加工中的难题。企业家将工程师、高技能人才和物质资料进行创新组合,以适当成本将产品销售到市场上,并承担产品可能不被市场认可的风险。当市场认可创新产品并实现价值增殖后,各创新主体都能从增殖中获得创新报酬,并进入一个新的创新循环,种群向高级阶段进化。在科技创新人才种群演化的过程中,政府部门主要提供政策引导和相关服务工作,并适时调整人才种群的结构,确保人才种群结构适度超前产业结构的演化方向。

二 科技创新载体种群

科技创新载体是创新要素、创新人才、科技成果集聚的基地,是观察城市"创新活力"的一面镜子。科技创新载体种群的演化,直接反映创新生态体系的进化方向。

（一）科技创新载体的概念与构成

科技创新载体是指加速创新知识创造、传递、聚合和转化的物质基础和必要条件;具体包括促进新知识的产生、新知识向新技术的应用转化、新技术向新产品（或服务）转化、新产品向新产业转化,以及促进这一过程中各类知识聚合的一切中间媒介。[①] 科技创新载体种群包括:以重点实验室为核心的基础研究创新载体,以工程实验室、工程中心、技术中心组成的技术开发创新载体,以科技创新服务平台、行业公共技术服务平台组成的创新服务载体。

（二）科技创新载体的生态功能

科技创新载体具有三个基本生态功能。

1. 承载功能

承载性具有两层含义,即创新载体既是促进技术形态转化的承载体,

[①] 张志彤:《战略性新兴产业的技术系统与创新载体研究》,博士学位论文,电子科技大学,2014年。

也是聚集创新资源的承载体。每一种创新载体，都承载着技术从一种状态向着另一种状态的转化，如国家重点实验室是技术从设想、理论向着科学实现的状态转化的承载体；工程技术中心是持续不断地将具有重要应用前景的科研成果进行系统化、配套化和工程化研究的承载体；而科技园区、高新技术产业开发区则是相对成熟的技术向着大批量生产状态转化的承载体。在创新载体中，必将聚集众多的或独特的创新资源，如共性技术服务平台聚集了某类技术、产品的研发、检测、实验、加工等所需的专业人员、知识和设备等创新资源；科技园区、经济技术开发区、高新技术产业开发区则聚集了技术向批量生产转化的各类辅助、配套设施和政策环境；而工程技术中心、企业技术中心则聚集了技术研发、中试的人员、设备、知识及前期技术储备等创新资源。

2. 转化功能

创新过程实质上是知识沿着"科学技术产品服务"创新价值链，通过技术形态转化实现创新价值的过程。因此，"促进转化"也是创新载体的一项基本和必备功能。如果没有这一功能，就不能成为创新载体。从实践来看，通过创新载体实现技术形态的转化，是建设创新载体的最主要目的。从技术链上看，任何一种创新载体，都会有一种技术形态作为其输入，有另一种技术形态作为其输出，创新载体转化性的内在含义就是指创新载体输出的技术形态相对于输入的技术形态而言处于技术链的后端。如重点实验室、工程实验室、工程技术中心输入的主要是技术雏形，经过这类创新载体转化后输出的是可实现的技术或可试制的产品；科技园区、高新技术产业开发区则主要是将可实现的技术或经过中试的产品转化为大批量生产的产品。

3. 催化功能

创新载体的重要作用是加快创新所需各种知识的聚合，促使创新过程朝着特定的价值方向演进。这就是创新载体的催化功能。我国各级政府对各类创新载体都给予相应的资金支持或政策支持，各创新载体也都具备较好的硬件和软件条件，这些政策支持和良好的条件正是为了更好地催动技术从一种形态向另一种形态转化。因此，创新载体除了具备转化性特性之外，还必须具备催化性的特性。它要充分运用其良好的基础设施、创新网络和创新环境、扶持政策等,对技术形态的转化起到催化和促进作用。①

(三) 科技创新载体种群的演化机制

基础研究创新载体、技术开发载体和创新服务载体三者之间,既存在链式联系又存在网式联系。从技术形态转化的角度来看是链式联系,基础研究创新载体的成果需要技术开发载体转化成为可试制的产品,可试制的产品再经创新服务载体(产业园等)转化为大批量生产的产品。从知识流动的角度来看是网式联系,知识在三类载体之间通过科技创新人才实现网式流动,技术知识和市场知识在人才网络中不断交织,创新成果得以按照市场需求进行修正并走向成熟。市场机制是科技创新载体种群演化的主要动力,但政府是基础研究创新载体进化的主要责任方。

三 科技创新产业种群

科技产业是城市经济发展之本,立市之基。根据朱迪·艾斯特林(Judy Estrin)于 2009 年提出的创新生态模型,科技产业属于科技创新生态体系的三大栖息者群落之一"应用"群落(其他两个群落为研究群落和开发群落)。所有的科技创新都是通过产业来实现价值的,产业对科技创新"应用"的需求又将引导"研究"群落与"开发"群落的进化。

(一) 科技创新产业概念及特点

科技创新产业是指生产技术密集型创新产品的产业,既包括生产硬件产品的产业,也包括生产软件和服务产品的产业。其主要特点有:(1)产业的知识和技术密集,科技人员占员工的比重大;(2)研发强度高,需要不断增加对研发创新的投入;(3)物质资源投入较少,产品附加值高;(4)劳动生产率高;(5)知识产权等无形资产价值占比高。

(二) 科技创新产业的生态功能

科技创新产业在科技创新生态体系中发挥着资源整合、消费者和价值实现等功能。(1)资源整合功能。产业以价值链为纽带,推动创新型企业在地理空间上集中,通过企业将以知识与技术为代表的创新资源集聚起

---

① 张志彤:《战略性新兴产业的技术系统与创新载体研究》,博士学位论文,电子科技大学,2014 年。

来,资源整合的结果就是生产出创新产品或服务。(2)消费者功能。科技创新产业以创新载体的创新成果为消费对象,将研究成果应用为创新产品。通过对研究成果的消费,加速系统内信息流动和物质循环。(3)价值实现功能。产业企业最终将创新成果转化为具有市场价值的创新产品,将创新成果中内含的知识投入、技术投入和资本投入转化为货币价值,使创新链中的每一个环节的贡献者都能得到相应的回报,并能投入新的创新过程。

(三)科技创新产业种群的演化机制

科技创新产业是通过"有组织、有意识"地在特定空间集聚产业链各个环节的多家企业,并促成这些企业进行"创新竞争",尽可能提高产业链各环节创新的成功率和高效率,减少"创新中止",形成"连续流线型"的创新机制来演化的。企业之间除了竞争还存在协同,通过协同有效降低创新风险,缩短创新周期,减少技术创新在技术和市场上的不确定性,进而提高创新效率,促进创新的成功。产业内企业之间竞争与协同并存的关系是种群演化的主要动力。政府在科技创新产业种群演化的过程中,除了相关政策支持外,还要支持由市场选择的产业龙头企业发展,通过龙头企业引领整个产业向高端进化。

四 科技金融种群

科学技术是第一生产力,金融是现代经济的核心,科技创新和金融创新紧密结合是人类社会变革生产和生活方式的引擎。人类社会每一次大的产业革命,都是源于科技创新,成于金融创新,两者相互促进、相辅相成。科技和金融的深度融合将有力带动城市产业结构优化。

(一)科技金融的定义及其种群结构

科技金融是促进科技开发、成果转化和高新技术产业发展的一系列金融工具、金融制度、金融政策与金融服务的系统性、创新性安排,是由向科学与技术创新活动提供融资资源的各种主体及其在科技创新融资过程中的行为活动共同组成的一个体系。[①] 科技金融种群中有政府、企

---

① 赵昌文、陈春发、唐英凯:《科技金融》,科学出版社2009年版。

业、银行（传统银行和投资银行）、民间资本主体、保险和担保机构等主体。企业是资金需求方，金融机构是资金供给方，保险和担保机构为资金的供求双方服务，政府通过财政资金进行引导，并为其他参与主体提供平台服务。

（二）科技金融种群的生态功能

科技金融种群在创新生态体系中的生态功能主要有：资本形成功能、信息引导功能、风险分散功能和激励约束功能。（1）资本形成功能。科技金融主体的资本形成功能集中体现于把资金从储蓄者手中引导至最具有生产性投资机会的科技型企业，进而加大科技型企业的资本积累，扩大技术创新和生产能力，提升科技创新能力的过程。（2）信息引导功能。科技金融体系自发形成有效的信息交流平台，可以为投资者提供完善的投资决策信息，并通过事前预期和事后淘汰效应来实现各主体间的信息均衡，引导资本投向高回报的科技创新领域。（3）风险分散功能。科技金融对风险的分散主要体现在不同投资者之间进行流动性调剂，控制科技创新活动的流动性风险。完善的科技金融体系可通过资产转化，将流动性低的金融资产转化为流动性高的金融资产，来匹配高技术企业的融资需求。金融中介通过多种金融产品开发将高流动、低收益投资与低流动、高收益投资结合起来，满足了科技创新活动在各阶段的资金需要。（4）激励约束功能。首先，科技金融对科技创新的激励机制来源于技术创新的机会收益，一旦技术创新成功，科技型企业可以获取超额利润，挖掘新的竞争优势，提高核心竞争力。而金融机构能顺利收回贷款，投入其他投资活动，从中获取高额利润，金融本身具备的逐利本性是科技金融激励科技创新的直接动力。[1] 其次，科技金融主体通过股权期权等激励措施，将企业管理层的报酬激励直接和技术创新成果挂钩，企业管理层付出的努力越多，技术创新活动的集约化生产带来的规模经济效应越大。[2] 最后，金融中介机构在投资决策完成后会对科技型企业实行事后淘汰机制，一旦科技型企业技术创新未能

---

[1] 叶玲飞：《江苏省科技金融促进技术创新的作用研究》，博士学位论文，中共江苏省委党校，2015年。

[2] 同上。

达到阶段性预期收益时,资产估值下降,融资难度加大,事后淘汰机制作用显现。①

(三) 科技金融种群的演化机制

科技金融种群中汇集企业、银行、保险、担保等多元主体,形成政企联动、银保联动和投贷联动的运作机制,通过政府搭建平台,提供配套政策,引导资金供求双方的高效对接,实现政企联动;通过投资机构与证券交易所相结合,引导直接融资与间接融资深度对接,实现投贷联动;通过引入保险、担保、保理等机构,与银行形成互补,实现银保联动,构建全面覆盖企业成长发展生命周期的金融服务体系。

第三节 深圳"科技创新生态体系"的主要优势

近40年发展历程中,深圳全面推进科技、产业、管理、金融、文化、商业模式等方面创新,"科技创新生态体系"不断完善,以"企业为主导、市场为导向、政产学研资介相结合"为特征的深圳综合创新生态体系初步形成,整个城市正成为一个大的创新创业"孵化器"。科技创新正从"跟跑"向"并跑""领跑"转变,在全球创新版图中的位势进一步提升,引领支撑经济社会发展的作用显著增强。

一 综合创新能力提升快

"十二五"期间,深圳深入实施国家创新型城市总体规划,成为全国首个以城市为单元建设的国家自主创新示范区,整个城市的综合创新能力正显著提升。

(一) 全社会研发投入占 GDP 的比重稳定增长

2017年,深圳全社会研发投入超过900亿元,占GDP比重提高至4.13%。"十二五"期间,全社会研发投入占GDP比重由2010年的3.48%增加到2015年的4.18%,规模实现五年翻番,如图2-1所示。

---

① 叶玲飞:《江苏省科技金融促进技术创新的作用研究》,博士学位论文,中共江苏省委党校,2015年。

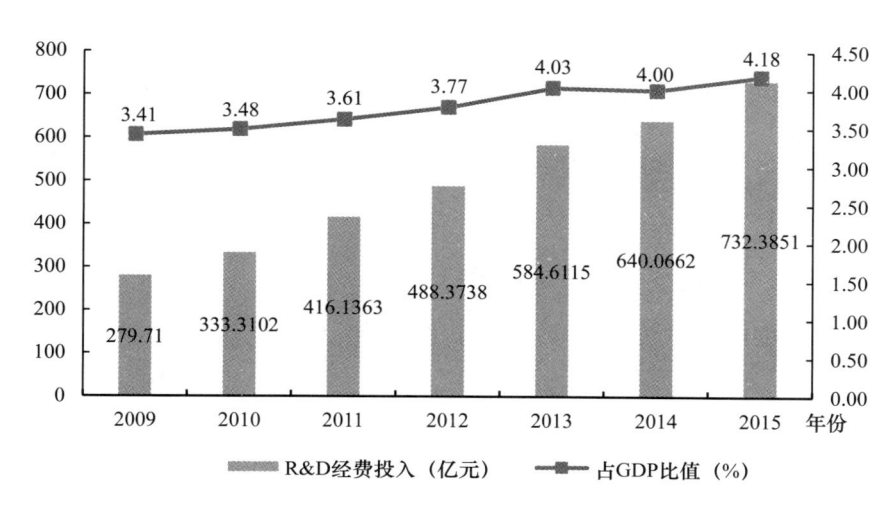

第二章 开放式多样性强竞争的综合创新生态体系 55

图 2-1 2009—2015 年深圳 R&D 经费投入情况

资料来源：2010—2016 年深圳市统计年鉴。

（二）PCT 国际专利和国内专利申请量增速高

根据对国际知识产权组织（WIPO）的 PCT 专利数据库的分析统计，截至 2016 年底，深圳累计 PCT 专利 69347 件。在全球性的创新活动活跃的城市当中，深圳居第二名，仅落后日本东京的 261308 件，但领先美国

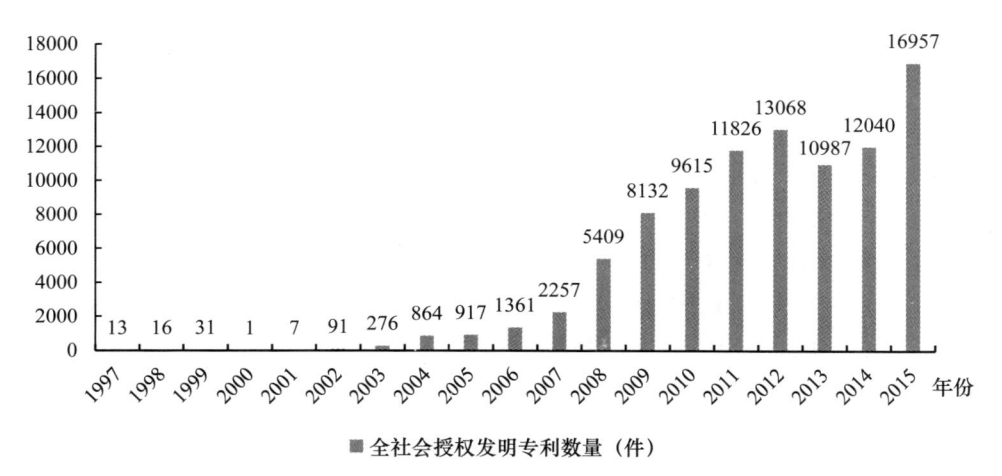

图 2-2 1997—2015 年深圳授权发明专利情况

资料来源：1998—2016 年深圳市统计年鉴。

硅谷的 59762 件。从 2011—2016 年近 5 年的平均增长率来看，深圳市的平均增长率为 17.79%，远高于东京的 7.15%、硅谷的 4.98%、首尔的 3.86%。2016 年，深圳 PCT 国际专利申请量增长约 50%，占全国一半。国内发明专利申请量 56336 件，增长约 40.74%。1997—2015 年，深圳发明专利授权量增长情况如图 2-2 所示。

（三）国家级科技奖项突破能力强

2017 年深圳获国家科技奖 15 项，获中国专利金奖 5 项，占全国 1/5。2016 年，荣获国家科技奖 16 项和中国专利金奖、外观设计金奖 4 项，其中深圳企业参与的 4G TD-LTE 关键技术与应用首获国家科技进步奖特等奖。2015 年，获国家科学技术奖 14 项，中国专利金奖获奖数占全国 1/5。"十二五"期间，深圳的科研成果和科技人员分别入选《科学》杂志年度全球十大科学突破、《自然》杂志年度全球科学界十大人物，共获国家技术发明一等奖、国家科技进步一等奖等 56 项国家科学技术奖励，较"十一五"期间增长 70%。

（四）创新型产业在经济发展中的"主引擎"作用突出

深圳规划了七大战略性新兴产业，即生物、互联网、新能源、新材料、文化创意、新一代信息技术和节能环保。"十二五"期间，七大产业规模年均增长 20% 以上，为同期 GDP 增速的 2 倍，总规模由 2010 年的 8750 亿元增加到 2015 年的 2.3 万亿元，增加值占 GDP 比重由 2010 年的 28.2% 提高到 2015 年的 40%。2015 年电子信息产业增加值 5085 亿元，占 GDP 比重达 31.8%。布局了生命健康、海洋经济、航空航天、机器人、可穿戴设备和智能装备等未来产业，着力打造梯次型的现代产业体系，培育创新型经济新的增长点，2015 年未来产业总规模已突破 4000 亿元。

（五）创新环境的外部评价排位领先

《福布斯》中文版对城市 GDP 达到一定规模以上的中国大陆城市进行调查，并参考新申请专利数（人均及总量）、科技三项支出占地方财政支出比例、发明专利授权量（人均及总量）、国际专利/PCT 申请量（人均及总量）等指标，加权计算出相应城市的创新能力并排名。《福布斯》的排名在国内外具有一定的公信力。深圳市自该项评价排名产生以来，多次位居榜首，如表 2-1 所示。

表 2-1　　2010—2016 年《福布斯》中国大陆城市创新能力排行榜

	2010 年	2011 年	2012 年	2013 年	2014 年	2015 年	2016 年
第一名	深圳	深圳	苏州	苏州	深圳	深圳	深圳
第二名	上海	苏州	深圳	无锡	苏州	北京	武汉
第三名	苏州	上海	上海	北京	北京	苏州	苏州

二　引领式创新成果不断涌现

一直以来，深圳在科技创新中聚焦目标，突出重点，集中力量，围绕战略性、前沿性领域，主动布局重大科技计划项目，突破核心关键技术瓶颈，涌现了一批又一批的引领式创新成果。4G 技术、互联网、基因测序、3D 显示、柔性显示、新能源汽车、超材料和无人机等领域创新能力处于世界前沿。

（一）新一代通信技术攻入"无人区"

深圳的华为、中兴等公司在第四代移动通信 TD-LTE 技术领域的基本专利占全球 1/5，并率先在 5G 领域布局。2016 年，华为短码方案成为全球 5G 技术标准之一。2016 年 5 月 30 日，全国科技创新大会在人民大会堂召开，华为公司创始人、总裁任正非代表公司做了"以创新为核心竞争力为祖国百年科技振兴而奋斗"的汇报。任正非在汇报中表示，华为"正在本行业逐步攻入无人区，处在无人领航、无既定规则、无人跟随的困境"。

（二）基因科学应用技术居全球第一

深圳华大基因研究院建立了世界领先的大规模测序、生物信息、基因检测、农业基因组、蛋白组等技术平台和大型数据处理超级计算中心，并拥有世界一流水平的科研队伍，开展一系列与重要动植物、人类健康、环境与能源等领域相关的组学研究，致力于推动医疗健康、科技应用、农业育种等领域的发展。华大基因新一代基因测序能力与超大规模生物信息计算分析能力居全球第一。北科生物建成亚洲最大的综合性干细胞库群和全球首个通过美国血库学会认证的综合干细胞库。

（三）超材料领域占据全球八成以上核心专利

2010 年 7 月 13 日成立的光启高等理工研究院，是一家通过引领新兴技术革命为用户带来创新产品解决方案及卓越体验的高科技公司，以"改变世界的创新"为宗旨，开创性地开发了 Meta-RF 电磁调制技术、超材料技术、智能光子技术、临近空间技术等一系列革命性的创新技术，所从事的业务领域涉及航空航天工业、临近空间探索、互联网金融和智慧城市，组建了超材料电磁调制技术国家重点实验室。光启拥有全球超材料领域 86% 以上的核心专利。①

（四）基础物理研究成果奔向世界前沿阵地

大亚湾中微子实验室 2012 年 3 月 8 日宣布，发现了一种新的中微子振荡，并测量到其振荡概率。这一中国诞生的重大物理成果，开启了未来中微子物理发展的大门，在全球科学界引起热烈反响，入选美国权威学术杂志《科学》评选的 2012 年十大科学突破，被称为"诺贝尔奖级别"的重大发现。2015 年 9 月 11 日，大亚湾中微子实验项目在《物理评论快报》发表了中微子测量的最新结果，将中微子混合角 θ13 和中微子质量平方差的测量精度都提高了近一倍，为世界最高精度。②

三 创新载体建设提质增量

深圳主动顺应全球新一轮科技革命潮流和趋势，建设了一批开放式的重大科技基础设施、重点实验室和服务平台。

（一）创新载体数量呈现裂变式增长

"十二五"期间，国家、省、市级重点实验室、工程实验室、工程（技术）研究中心和企业技术中心等创新载体由 2010 年的 419 家增加到 2015 年的 1283 家，规模增长逾 2 倍，如图 2-3 所示，集科学发现、技术发明、产业发展"三发"一体化发展的新型研发机构近 70 家。2016 年新增创新载体 210 家，累计达 1493 家；新组建神经科学研究院等新型研发机构 23 家。2017 年，新增新型研发机构 11 家和创新载体 195 家。

---

① 资料来源于 2017 年 12 月 5 日光启高等理工研究院官网（http://www.kuang-chi.com/html/）。

② 《中微子振荡研究获诺奖，大亚湾核电基地在该领域也有重要贡献》，2015 年 10 月 10 日，中国广核电力股份有限公司官网（http://www.cgnp.com.cn/n325878/n326013/c1133692/content.html）。

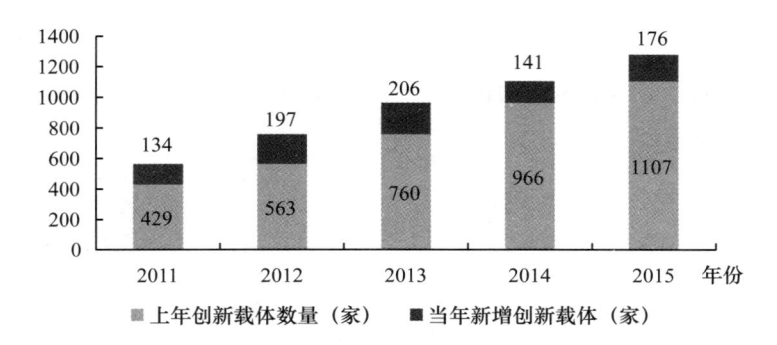

```
1400 ┤                                        176
1200 ┤                              141      ─────
1000 ┤                   206      ─────     
 800 ┤        197      ─────                 1107
 600 ┤ 134   ─────      760       966       
 400 ┤─────  563                            
 200 ┤ 429                                   
   0 └──────────────────────────────────────────
      2011   2012    2013    2014    2015   年份
      ■ 上年创新载体数量（家）  ■ 当年新增创新载体（家）
```

图2-3 "十二五"期间深圳各类创新载体的数量变化情况

（二）创新载体质量位居国内前列

国家级重大基础设施建设实现了零的突破，建设并投入使用的有国家超级计算深圳中心、大亚湾中微子实验室和国家基因库。各类创新载体中，国家级94家，省级135家。瞄准前沿领域，打破体制约束，培育新型研发机构，这些机构以其突出的创新能力和巨大的增长潜力，成为引领源头创新和新兴产业发展的重要力量。2016年设立两家由诺贝尔物理学奖、化学奖获得者领衔的科学家实验室，建立深圳—密歇根贸易、投资和创新合作中心，苹果、微软、高通等全球知名科技企业在深设立研发机构。国内外著名高校在深圳设立校区，清华大学、北京大学、中山大学、中国人民大学、上海交通大学已经签约选址，香港中文大学（深圳）和哈尔滨工业大学（深圳）已经招生。

四 创新人才集聚能力显著增强

（一）高端人才汇聚速度加快

2017年深圳新增全职院士12人，在深全职两院院士已达32名，"千人计划"人才274名。2016年引进全职院士7人、双聘院士26人，并实现"零突破"引进了来自发达国家的全职院士。"十二五"期间，累计引进省"珠江人才计划"创新团队31个，"孔雀计划"创新团队64个，"千人计划"人才154名，占全省的39%，比2010年底的22人增长6倍，如图2-4所示。2015年认定的高层次人才5652人，比2010年底的1796

人增长 2.15 倍，如图 2-5 所示。深圳市累计招收博士后 1300 多人，2014 年在站博士后 629 人，比 2010 年底的 211 人增长 1.98 倍。

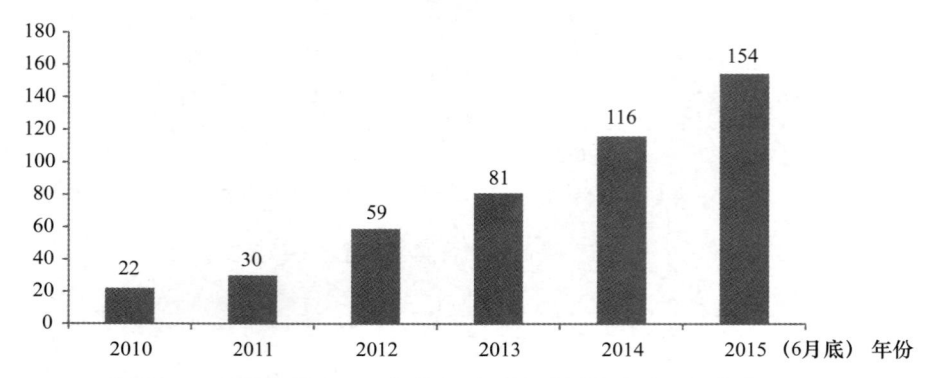

图 2-4 深圳市"十二五"期间"千人计划"人才数量变化（人）

资料来源：深圳市委组织部。

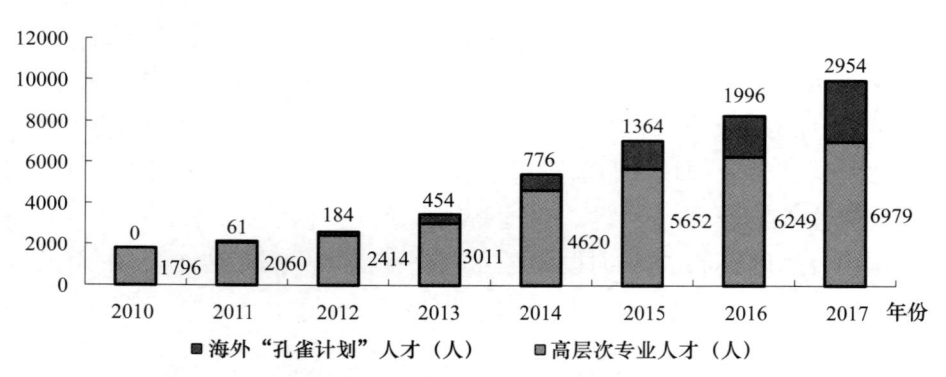

图 2-5 深圳市 2010—2017 年认定的高层次人才数量变化

资料来源：深圳市人力资源与社会保障局。

（二）海外人才引进数量强劲增长

截至 2016 年，深圳累计引进留学回国人员约 7 万人，其中 2016 年引进 1.05 万人，是 2010 年 1321 人的近 8 倍。至 2016 年底，通过"孔雀计划"引进海外高层次人才 1996 人，比 2011 年底（当年开始实施"孔雀计划"）的 61 人增长 31.7 倍。根据深圳市人力资源和社会保障局的相关分析报告显示，八成海外高层次人才拥有博士学位，近七成海外高层次人才集中在 30—39 岁之间。

（三）深圳成为国内高校优秀人才的首选之地

2016 年深圳引进毕业生 8.09 万人。2014 年，硕士及博士研究生 14.8 万人，占常住人口比重为 1.4%，比 2010 年底的 9.5 万人增长 55.8%。深圳 2016 年第二十届全国高校毕业生秋季就业双选会，5.7 万名求职者以本科学历为主，本科占比 66%，硕博占比 17%；来自"双一流"高校的求职者近 2 万人，占求职者总数 34%，体现出深圳在人才竞争方面的强大吸引力。由前程无忧公司联合应届生求职网发布的《2017 应届生调研报告》显示，在有异地求职意愿的应届生中，27.8% 的应届生选择了深圳。

（四）高端创新平台引才能力突出

深圳高端创新平台集聚了一批处于世界科技前沿的科学家、知名学者和研究人员，如华大基因研究院集聚了基因测试领域行业领军人才 30 多人，南方科技大学集聚了 4 位院士、近 50 名国家"千人计划"专家，中科院深圳先进技术研究院集聚了 100 多名具有行业领军水平的科研人员。光启高等理工研究院由最初的 5 人团队发展至今，已吸引了来自 40 多个国家和地区跨学科、跨领域的 300 多名高端人才团队。

五　企业占据自主创新主体地位

（一）科技创新企业形成多个创新种群

深圳的科技创新型企业超过 3 万家，国家级高新技术企业由 2010 年的 1353 家增加到 2017 年的 11230 家，仅 2017 年就新增 3193 家，形成了强大的梯次型创新企业群，成为我国企业参与国际竞争的先锋队。它形成了由一批具有国际竞争力的创新型龙头企业带领的创新种群，如腾讯领头的互联网产业创新种群，华为领头的通信产业创新种群，比亚迪领头的新能源产业创新种群，大疆领头的无人机产业创新种群，等等。

（二）科技创新力量主要集中在科技企业

深圳 90% 以上研发人员在企业，90% 以上研发资金来源于企业，90% 以上研发机构设立在企业，这说明深圳的科技创新力量主要集中在企业。如图 2-6 所示，深圳大中型工业企业的研发人员占全市研发人员的 80% 以上，2016 年，华为从事研究与开发的人员约 80000 名，约占公司总人数 45%。如图 2-7 所示，深圳规模以上工业企业研发资金投入占全社会研发投入的比例从 2009 年至 2015 年一直高于 90%。例如，华为近十年累计投入的研发费用超过人民币 3130 亿元。图 2-8 显示，2015 年，深圳 1000 多家研发机构中，规模以上工业企业的研发机构就占 830 家。

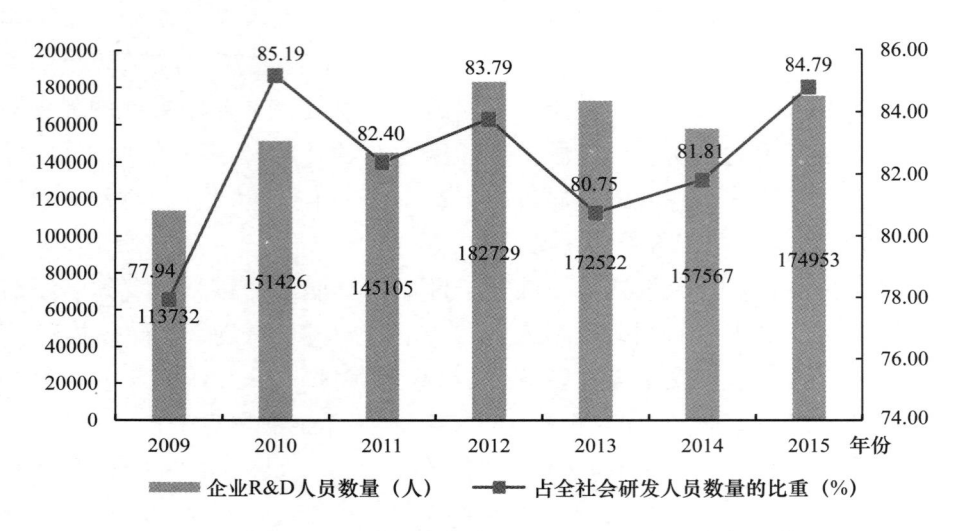

图 2-6　2009—2015 年深圳大中型工业企业 R&D 人员数量情况

资料来源：2010—2016 年深圳市统计年鉴。由于统计口径更改，2015 年为规模以上工业企业数据。

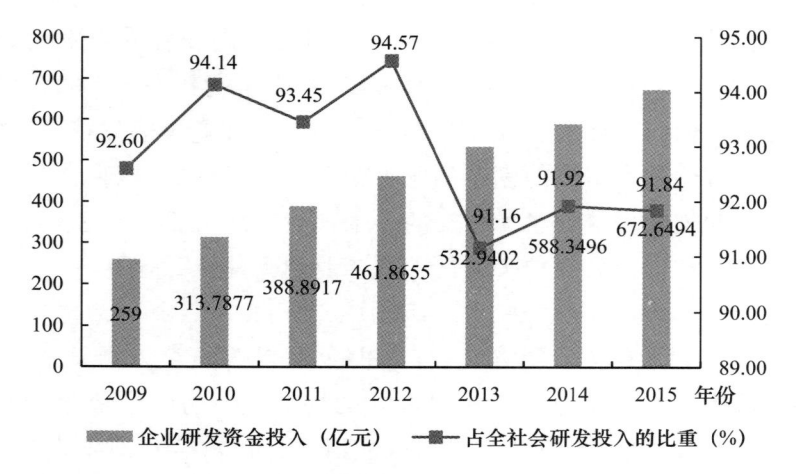

图 2-7　2009—2015 年深圳规模以上工业企业 R&D 经费投入情况

资料来源：2010—2016 年深圳市统计年鉴。

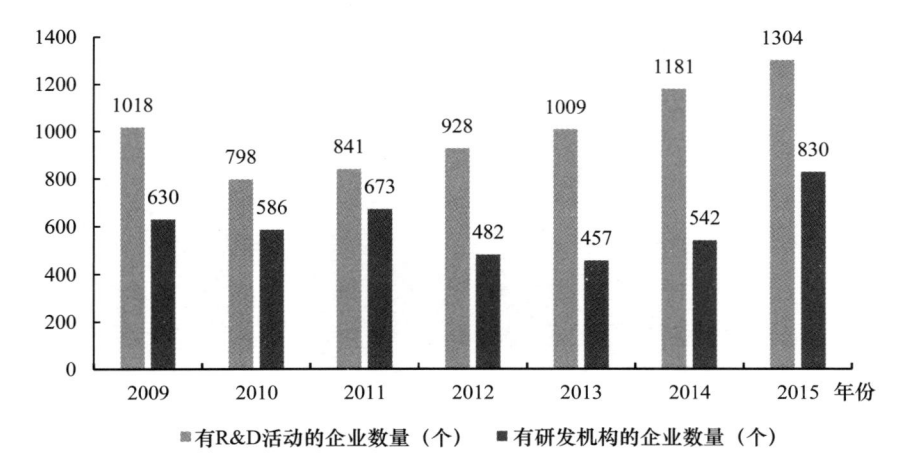

第二章 开放式多样性强竞争的综合创新生态体系　63

图2-8　2009—2015年深圳规模以上工业企业R&D活动与研发机构情况

资料来源：2010—2016年深圳市统计年鉴。

（三）研发成果主要出自企业

截至2015年底，深圳有效发明专利中企业作为专利权人的专利占总量的93.54%，其余专利权人为个人、科研机构或大专院校等。2016年，深圳市国内专利申请量突破14万件；每万人口发明专利拥有量80.09件，居全国各大城市第一名，是全国平均水平的10倍，达到欧、美、日和韩等发达国家和地区水平。从专利申请主体来看，深圳企业作为专利权人的专利（职务发明）占申请总量的95.20%。2016年，深圳市国内专利申请量排名前三名的依次为华为技术有限公司、中兴通讯股份有限公司、努比亚技术有限公司。进入前10名的还有腾讯、宇龙、比亚迪、华星光电、金立、天珑、沃特玛等企业。

六　创新群落生机盎然

（一）科技金融机构遍布城市各创新群落

深圳不断推进科技金融改革，便利资本与科技创新高度融合。VC/PE机构累计近5万家，注册资本约3万亿元。2016年总规模2000亿元的中国国有资本风险投资基金落户深圳。本地企业中小板、创业板上市总量连续9年居大中城市首位。图2-9表明，风投对深圳企业的投资虽然有波动，但保持在高位水平。至 2016 年 6 月，深圳登记备案的私募基金管理公司 3276 家，管理基金 6485 只，管理规模 9657 亿元，从业人数近 4 万人，均占全国近 1/5；涌现了深圳市创新投资集团有限公司等一批具有较强影响力的创投企业，2015 年中国本土 VC/PE 机构 50 强中，深圳有 24 家机构入围。

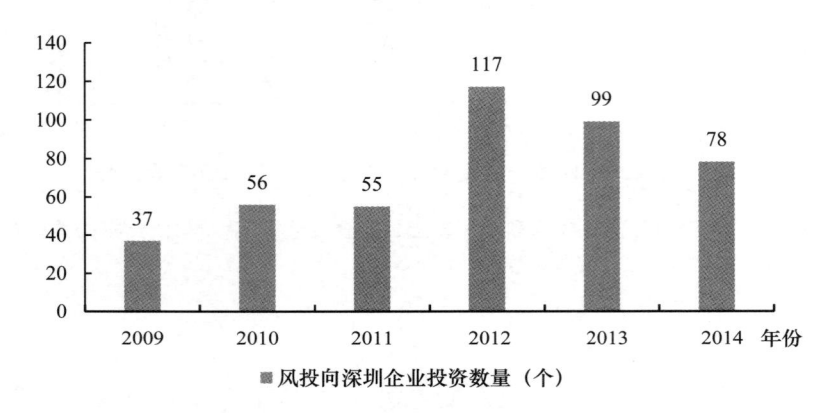

图 2-9 2009—2014 年风险投资投向深圳企业情况

资料来源：2010—2015 年中国风险投资年鉴。

（二）创新联盟蓬勃发展

产学研资联盟的宗旨是组织企业、大学和科研机构开展技术合作，形成产业标准，建立公共技术平台，对产业共性技术实现知识产权共享，打造产业创新群落。深圳市较早组建了涵盖生物医药、医疗器械、数字电视、集成电路与先进制造业等领域的省部级产学研合作示范基地。近几年，在移动互联、云计算、机器人、基因和北斗卫星等领域，建立 45 个产学研资联盟和 10 个专利联盟，推动新兴产业协同创新。

（三）创客加速涌入

2015 年 6 月，深圳工业设计协会承办了首届深圳国际创客周。来自 35 个国家和地区的 60 余家创客机构齐聚这座致力于打造"国际创客中心"的城市，分享创意、采购器件。参展的创客团队近三成来自海外，共有 26 万人参与了创客周活动。至 2016 年底，深圳市共有 447 家各类孵化载体平台，其中科技企业孵化器 152 家，众创空间 295 家，孵化面积超过

588万平方米，在孵企业为8548家，在孵企业人数超过9万人。

（四）形成多个以大学为中心的创新群落

深圳于1983创办深圳大学，并于1985年在深大附近与中科院共建"深圳科技工业园"，后升格为高科技园区，形成一个创新群落。1999年建立的虚拟大学园，聚集了58所国内外知名院校，建立事业单位建制、独立法人资格的成员院校深圳研究院46家；搭建"深圳虚拟大学园国家重点实验室（工程中心）平台"，在深设立研发机构266家，这是一个集合国内外著名高校创新资源＋高科技园区的创新群落。2003年建设的深圳大学城将清华大学、北京大学、哈尔滨工业大学和中科院的创新力量汇聚在一起，与2011年建设的南方科技大学共同组成一个高端创新群落。深圳龙岗区在大运新城逐渐打造出一座汇集香港中文大学（深圳）（2014年已经招生）、北理莫斯科大学等国际名校的深圳国际大学城，这将是集合国际创新资源的创新群落。

第三章 深圳科技产业：从"引进"到"引领"

2018年1月17日，深圳市政府工作报告中强调深圳坚持把创新作为引领发展的第一动力，强化产业、研发、市场、资本、人才等全要素协同，努力打造可持续发展的全球创新之都。数据表明，2017年，深圳规模以上工业增加值7800亿元，增长9.6%，工业投资增长23%，技改投资增长62.6%。ARM中国总部、空客中国创新中心等80个优质项目落地。2017年，深圳新增国家级高新技术企业3193家，累计达1.12万家。取得这份亮丽的成绩，要归功于深圳一直坚持发展自主创新高科技产业的战略。深圳科技产业的发展始于1985年4月深圳科技工业园的创办，自此通过政府体制机制改革、产业引导、产学研资介深度融合、民营科技企业发展和创新生态体系的完善等改革开放和自主创新的努力，深圳成为世界著名的科技产业高地，在多个领域引领世界科技创新的方向。

第一节 科技产业发展历程及现状

深圳科技产业从零开始，1980年建市之初，整个城市仅有两名工程师。1985年4月，为了改善深圳产业结构，促进科技与经济紧密结合，深圳市政府和中国科学院率先在深圳共同创办第一个高新技术产业开发区——深圳科技工业园，[①] 自此拉开了深圳科技产业发展的序幕。正是在

---

① 方胜华：《深圳科技工业园发展自主知识产权高新技术产业的实践》，《高科技与产业化》2001年第2期。

这个基础薄弱，发展前期并没有本土知名高校、科研机构的土地上，依托境内外两地资源两个市场发展自主创新高科技产业，却孕育出了全国领先的高新技术产业，孵化出了华为、中兴、比亚迪、腾讯、大疆等明星科技企业。1991年，高新技术产品产值为22.9亿元，占全市规模以上工业总产值的比重为8.1%；2000年，这两个数据分别为1064亿元和35%；2008年，增长到8710亿元和53%；2016年，高新技术产业产值达到了19222.06亿元。

一 深圳科技产业发展历程

回顾深圳近40年的科技产业发展历程，可以归结为一部产业转型发展的历史。深圳市科技产业的发展可划分为如下几个重要发展阶段。

（一）以市场为导向、产业化为重点，初步形成科技产业群（1984—1997年）

1985年7月31日，在一块空地上开辟的深圳科技工业园是深圳科技产业发展的主阵地。当年，中国科学院规划深圳科技工业园是一个以引进国内外先进技术，引进外资，开拓新技术产业，开发和生产高技术产品为宗旨，以电子信息、新型材料、生物工程、光电子、精密机械等领域为重点的生产、科研和教育相结合的综合基地。[1] 这个阵地主要发挥了以下作用：一是吸引了大批优秀的科技人员在这里艰苦创业，把科技成果转化为生产力。这里有早在20世纪50年代就留学国外的学者，也有20世纪80年代出国进修学成归国立志报效祖国的中青年专家，有中国台湾回归大陆的汉字信息处理专家，也有高分子化学产品的发明家，有国际国内科技发明的多次金牌获得者，也有初出茅庐的研究生。[2] 二是培养了一批高新技术企业。1993年，根据国家科委有关规定，深圳认定了园内高新技术企业13家。1986年由中科院成果在园区进行转化创建的深圳长园应用化学有限公司，是广东省首批9家高新技术企业之一。由中科院成果转化创建的

---

[1] 张翼翼：《从深圳科技工业园的实践探讨中国发展高技术开发区的道路》，《中国科学院院刊》1998年第3期。

[2] 于维栋、邓寿鹏：《我国高技术产业化调查及政策思考——东北、华东、华南十六城市》，《管理世界》1990年第3期。

高新技术企业还有深圳金科特种材料有限公司、深圳天鼎精细化工公司等。三是形成了"市场—企业—研究所—企业—市场"的技术开发与转化的良性机制。市场需求反馈到企业，企业带着技术开发需求与研究机构合作，技术开发后，企业将技术转化为产品，满足市场的需求。园区内西甫公司的高科技产品 PTC 元器件开发生产就是这一机制的成果。

1994 年，深圳市初步形成了以计算机及其软件、通信、微电子及其元件、新材料、生物工程、机电一体化、激光七大领域为主的高新技术产业群。[①] 这期间，华为等民间科技企业开始成长。科技产业群带动了深圳第二轮经济增长高潮，深圳迈进了家电与微机制造时代。科技产品主要包括：电子元器件、电脑、打印机、复印机、扫描仪、UPS、通信设备（包括程控交换机、电话机、BB 机、手机等）、视听设备（电视机、音响、DVD、MP3、MP4 等）、家电类产品（录音机、照相机、电视机、空调、热水器、冰箱、洗衣机、抽油烟机等）和汽车电子产品等。

（二）以高交会为平台、民科企业为主力，形成自主创新科技产业群（1997—2008 年）

1998 年，深圳具有自主知识产权的高新技术产品产值 286.18 亿元，占全市高新技术产品产值的 43.68%，已形成一批具有自主知识产权产品的骨干企业，如电子信息产业的华为公司、中兴通讯公司、长城计算机公司、天马微电子公司；生物技术产业的科兴公司；医疗器械产业的安科公司、奥沃公司、迈瑞公司；新材料产业的比亚迪公司、天玉公司等。华为公司自行研制的产品涵盖了交换、传输、无线及移动通信、智能网、支撑网、数据通信、ATM、通信电源、终端等主要通信领域，自行设计的芯片，ASIC 设计水平达到 $0.35\mu m$。[②] 一大批国家级科技项目包括"863"项目、攻关项目、火炬项目、星火项目及国外技术成果纷纷落户深圳，有 $\alpha-1\beta$ 干扰素、笔译通等 25 项"863"成果在深圳实现产业化。

自 1999 年首届中国国际高新技术成果交易会开展以来，中国规模最大、最具影响力的科技展会延续至今有 19 届。这一展会有"中国科技第

---

① 于沛、赵善游：《深圳科技事业在开拓中迅速发展》，《深圳特区科技》1995 年第 2 期。
② 同上。

一展"之美誉,具有"国家级、国际性、高水平、大规模、讲实效、专业化、不落幕"的特点。通过展会平台,深圳企业可以利用国内外两地的创新资源,加速科技成果转化,并将科技产品推向国内外两个市场。

这一阶段初步形成了深圳自主创新的"四个90%"特征,即深圳企业在自主创新中的四个90%:一是90%以上的研发机构主要设立在企业;二是90%以上的研究开发人员主要集中在企业;三是90%以上的研发资金主要来源于企业;四是90%以上的科技成果主要产自于企业。它逐步建成汽车电子和现代家电产业集聚基地、国家半导体照明工程产业基地、国家软件出口基地、国家火炬计划产业基地、国家集成电路设计产业化基地、国家工业设计高新技术产业化基地等高科技产业基地。

这一时期的主导产品群是通信设备、电脑及外设、互联网相关设备、硬盘、软磁盘等电子信息产品。这些产品生产企业的密集聚集,标志着深圳进入了电子信息时代。

(三)强化基础研究补短板,外引内联突破前沿技术,形成引领优势(2009年至今)

这一阶段深圳重点加强了高等教育和基础研究的投入,2009年6月4日,国家发改委、国家科技部、中国科学院、深圳市政府决定在深圳共同建设"国家超级计算深圳中心"。深圳在与三大著名高校合办深圳研究生院之外,又建设了南方科技大学、香港中文大学(深圳)、北理莫斯科大学等多所高校,构建了以前沿性技术、重大共性和关键技术为主的技术研究平台体系。目前,深圳设立了5家诺贝尔奖科学家实验室和7家海外创新中心,国家超级计算深圳中心、大亚湾中微子实验室和国家基因库建成使用,国家基因库成为全球最大的基因库之一和生物技术产业发展的战略库。2017年,全社会研发投入超过900亿元,占GDP比重4.13%。

不断加大国内外引才的力度。"十二五"期间,深圳市"孔雀计划"海外引智成效明显,认定"孔雀计划"人才1364人;全市共有留学人员6万余人,其中172人入选国家"千人计划",建有留学人员创业(产业)园24个。引进国内市外人才68.45万人,其中接收高校应届毕业生30.6万人,引进在职人才37.85万人。2016年,引进留学人员同比增长49.3%,进站博士后人数同比增长45%,出站留(来)深博士后人数同比增长58%。至 2017 年底，累计引进"省珠江人才计划"创新团队 44 个、"孔雀计划"创新团队 101 个。

深圳的高新技术产业中，4G 及 5G 技术、超材料、基因测序、3D 显示、石墨烯太赫兹芯片、柔性显示、新能源汽车、无人机等领域创新能力处于世界前沿，深圳正从应用技术创新向基础技术、核心技术、前沿技术创新转变，从跟随模仿式创新向源头创新、引领式创新跃升。① 主导产品群体有：4G 移动通信设备制造、智能手机、集成电路、微电机及互联网平台、快递、新能源汽车、太阳能电池、电动车充电设备等。

二 深圳科技产业发展现状

目前，深圳已经规划布局了生物、新能源、互联网、新材料、文化创意、新一代信息技术和节能环保等战略性新兴产业，以及海洋、航空航天、生命健康、机器人、可穿戴设备和智能装备等未来产业。深圳自 2010 年以来，连年斩获国家技术发明奖一等奖、科技进步奖特等奖等国家科技奖项达到 99 项，证明了深圳科技创新能力节节攀升。一批具有国际竞争力的创新型龙头企业迅速崛起，华为、中兴分别成为全球第一和第四大通信设备制造商，腾讯成为全球最大互联网公司之一，比亚迪成为全球最大的新能源汽车企业，研祥智能是全球第三大特种计算机研发制造厂商，超多维是国内规模最大的裸眼 3D 技术提供商。

（一）高新技术产业

根据深圳市科技创新委高新技术产业统计报告，纳入高新技术产业统计范围的主要有电子与信息行业、生物、医药行业、先进制造行业、新能源行业、新材料行业、其他高技术行业。电子与信息、先进制造和新能源产业是三大主力产业，是深圳经济的第一增长点。到 2017 年底，国家级高新技术企业数量达到 11230 家，形成了强大的梯次型创新企业群。表 3-1 中的数据表明，深圳市高新技术产业近几年发展保持高速增长态势，全行业产值在 2017 年突破 2 万亿元。

---

① 李永华：《坚持自主创新战略的深圳实践》，《行政管理改革》2016 年第 9 期。

表 3-1 深圳市高新技术产业发展情况 （单位：亿元）

年份	2011	2012	2013	2014	2015	2016	2017
产值	11875.61	12931.82	14159.45	15560.07	17296.87	19222.06	21378.78
增减	16.7%	8.9%	9.5%	9.89%	11.16%	11.13%	11.22%

资料来源：深圳市科技创新委员会官方网站。

深圳高新技术产业已经形成强大的配套能力，目前有六大高新技术产业链：一是计算机及外设制造产业链。市内计算机产业研发和生产的企业有1500多家，周边还有1500多家，形成了配套齐全的产业链。二是通信设备制造产业链。市内由排名世界第一的华为与中兴引领的通信产品生产研发的企事业单位达到856家，共生产515种通信产品及其配套产品。三是充电电池产业链。以处于全球领先地位的比亚迪公司为龙头，全市充电电池的生产企业达到20多家，相关配套企业达到50多家。四是平板显示产业链。天马微电子公司是全国最早生产LCD的厂商，以华星光电为龙头，在光明新区形成了液晶平板产业群，目前有近百家企业从事平板显示及相关器件生产，包括PDP、TFT-LCD、OLED，从导电玻璃材料到控制芯片，形成了全面的配套能力。五是数字电视产业链。深圳从数字电视标准研制到数字电视发射设备，从高清晰度电视机到数字电视机顶盒，从数字电视的地面传播到数字电视的有线传输，形成了一大批研发生产企业。六是生物医药产业链。深圳已初步形成从检测试剂、生物疫苗、生物芯片、生物药物到基因治疗药物的产业链雏形，其中科兴、康泰两家是全国最大的生物药生产企业，赛百诺是全世界第一家获批准的基因治疗药物生产企业，生物医药企业和产品双双超过百家。[①]

（二）战略性新兴产业

深圳先后出台并实施了新一代信息技术产业、互联网产业、新材料产业、生物产业、新能源产业、节能环保产业和文化创意产业七大战略性新兴产业的发展规划及配套政策。在政府引导和"产业链+创新链"融合发展的基础上，七大战略性新兴产业表现出强劲的增长势头。2010—2015

---

① 刘应力：《深圳高新区自主创新的基本特征和思路》，《中国高新区》2015年第11期。

年，战略性新兴产业规模从 8750 亿元增长到 2.3 万亿元，年均增长 21.3%，增加值从 2760 亿元增长到 7000 多亿元，年均增长 17.4%，远远超过同期经济增长速度，成为经济发展和产业升级的主引擎。战略性新兴产业增加值占全市生产总值比重提升至 40%，远高于全国的 8%。2016 年，新一代信息技术产业增加值 4052.33 亿元，比上年增长 9.6%；互联网产业增加值 767.50 亿元，增长 15.3%；新材料产业增加值 373.40 亿元，增长 19.6%；生物产业增加值 222.36 亿元，增长 13.4%；新能源产业增加值 592.25 亿元，增长 29.3%；节能环保产业增加值 401.73 亿元，增长 8.2%。文化创意产业增加值 1949.70 亿元，增长 11.0%。

2020 年，战略性新兴产业规模将超过 3 万亿元，产值超千亿元的战略性新兴产业龙头骨干企业达到 6 家左右，产值超百亿元的行业标杆优势企业达到 25 家左右，经济发展主引擎作用更加突出。

(三) 未来产业

2013 年底，深圳制定了支持生命健康、海洋、航空航天产业等未来产业发展的政策，自 2014 年开始连续 7 年，市财政每年安排 10 亿元专项资金，用于支持产业核心技术攻关、创新能力提升、产业链关键环节培育和引进、重点企业发展、产业化项目建设等。2014 年，深圳又出台《深圳市机器人、可穿戴设备和智能装备产业发展规划（2014—2020 年）》和《深圳市机器人、可穿戴设备和智能装备产业发展政策》等一系列政策，培育机器人、可穿戴设备、智能装备等未来产业。到 2016 年底，深圳机器人企业超过 460 家，产值约 787 亿元，同比增长 24.9%，工业增加值约 288 亿元，同比增长 26.8%。目前，整个未来产业已形成逾 4000 亿元的产业规模。2016 年，四大未来产业中，海洋产业增加值 382.83 亿元，比上年下降 9.0%；航空航天产业增加值 84.68 亿元，增长 5.8%；机器人、可穿戴设备和智能装备产业增加值 486.42 亿元，增长 20.2%；生命健康产业增加值 72.35 亿元，增长 17.9%。[①]

从 2017 年起，深圳实施"十大行动计划"。其中，在生命健康、海洋经济、航空航天等未来产业领域规划建设 10 个集聚区，培育若干千亿级

---

① 闻坤：《未来产业成为深圳经济新引擎》，《深圳特区报》2017 年 4 月 24 日。

产业集群，勾勒出清晰的深圳未来产业轮廓。① 机器人和智能装备产业以龙头企业中集、大疆、超多维、优必选、东方红海特、奥比中光等为引领，"独角兽"企业为骨干，中小型企业为基础的梯次产业体系已然形成。

三 深圳科技产业发展特点

改革开放 40 年，深圳一直坚持发展科技产业的初心，大胆改革阻碍科技产业发展的体制机制；充分利用国内外两地资源，引导人、财、物和信息等创新资源向科技产业配置；充分利用国内外两个市场，为科技产业寻找发展空间；在自主创新、开放包容的发展理念指导下，深圳科技产业形成了自己的特点。

（一）坚持不断完善科技产业创新生态体系

深圳着眼于形成创新的叠加效应，推动科技创新、产业创新、管理创新、商业模式创新和金融创新等方面有机结合，努力构建多要素联动、多领域协同，对内可循环、可持续，对外形成强大创新资源集聚效应的综合创新生态体系②，在移动互联、云计算、基因、北斗卫星导航等领域建立16个专利联盟和147个技术服务平台，推动科技产业协同创新。深圳高新技术产业相对完备的产业生态与自主创新形成了良性互动，旺盛的自主创新活动及其技术人才的扩散，促进了产业链条的不断优化、完善。产业链的优势为自主创新的协作、联合创造环境条件，并且能够显著地降低自主创新的成本。

（二）坚持"引进来、走出去"开放式创新模式

深圳的创新环境是开放的。20世纪90年代初，由于还不具备独立发展高新技术产业的条件，深圳选择了引进世界先进技术的策略。③ 至20世纪末，全球500强跨国公司中，有17家公司在深圳投资高新技术产业，如计算机产业的IBM、康柏、希捷、三洋、施乐，通信产业的飞利浦、北方电信、朗讯科技，新材料产业的杜邦等，还有几家如爱普生、奥林巴斯

---

① 闻坤：《未来产业成为深圳经济新引擎》，《深圳特区报》2017年4月24日。
② 李永华：《坚持自主创新战略的深圳实践》，《行政管理改革》2016年第9期。
③ 何佳声：《深圳经济特区高新技术产业发展的理论思考》，《特区经济》1999年9月15日。

这些实力雄厚的大企业,在深圳投资兴办高新技术企业。外资高新技术企业对深圳高新技术产业发展、产品出口起到了很大的作用,也为深圳高新技术产业的发展积累了资金,培养了人才,带来了信息。近几年,苹果、微软、甲骨文、高通、英特尔、三星等一批跨国公司在深圳设立研发机构、技术转移机构和科技服务机构。同时,深圳在美国、欧洲和以色列等布局海外创新孵化器,建立深圳—密歇根贸易、投资和创新合作中心;推进深港科技合作,累计联合资助深港合作项目77项。在深圳市内,各创新载体之间也是开放的,8000余台大中型科研仪器设备向社会开放共享,有效解决科技项目重复研究和科技资源"孤岛"问题,提高了科技资源使用效能。

(三) 坚持自主创新强化科技产业的创新能力

深圳的科技产业一直走的是一条自主创新之路。发展科技产业之初,深圳就深刻意识到,高新技术的竞争是国力的竞争,发达国家不会把最"高"的技术转让给我们的。[①] 科技产业发展的早期,深圳充分利用内地高校、科研单位的科技成果和人员,发展自主知识产权。20 世纪 90 年代初期就涌现了一批自主创新的高新技术骨干企业。1994 年,认定高新技术企业 54 家,认定高新技术产业群(专用集成电路设计群、多媒体技术开发群)企业 27 家,认定高新技术项目 26 项。1998 年,具有自主知识产权的高新技术产品产值 286.18 亿元,占全市高新技术产品产值的 43.68%。依靠自主创新,深圳成就了一批具有自主知识产权产品的骨干企业,如电子信息产业的华为公司、中兴通讯公司、天马微电子公司;生物技术产业的科兴公司;医疗器械产业的迈瑞公司;新材料新能源产业的比亚迪公司等。[②] 2016 年,深圳主导或参与制定国际标准 249 项,增长 53.7%,累计达 1384 项;获中国专利金奖、外观设计金奖 4 项。国际知识产权组织数据显示,2011—2016 年,深圳的国际合作条约专利申请年增速居全球首位,是东京的 2.5 倍、美国硅谷的 3.6 倍。

---

① 李洁尉、廖生初:《发展广东高新技术产业依靠国内科技力量与技术引进的问题》,《科技管理研究》1990 年第 1 期。

② 同上。

（四）坚持企业的创新主体地位确保市场引导创新方向

企业作为市场竞争的主体，对市场需求能够准确地把握，应该成为技术创新的主体。深圳改革开放初期，就注重发挥民间科技企业的作用。相对于当时的国有企业，民间科技企业自筹资金、自愿组合、自主经营和自负盈亏，以市场为导向，以科技为"龙头"，科工贸一体化，产供销一条龙，积极参与市场竞争，应变能力不断增强。在民间科技企业，科研与生产紧密结合，互相促进。深圳市政府在科技企业发展过程中，始终坚持扮演"助产士"的角色，帮助企业引入创新资源，改革体制机制上的障碍，围绕企业的需求提供服务，但不干预企业的创新活动，因此，深圳最深沉的创新动力来自于企业：深圳90%的创新型企业为本土企业、90%的研发人员在企业、90%的研发投入源自企业、90%的专利产生于企业、90%的研发机构建在企业、90%的重大科技项目由龙头企业承担。2017年度国家科学技术奖励大会上，由19家深圳高校、科研机构及企业主持或参与完成的15个项目获本年度国家科技奖。而19个获奖单位，企业就占了13个（68%），凸显了企业在深圳科技创新事业中的主体地位。

第二节 助力科技产业的深圳经验——市场机制和政府政策角度

一 政府有形的"手"做好顶层设计

（一）做好科技产业发展的战略规划

在科技产业发展的顶层设计上，深圳市政府官员的战略眼光功不可没。1993年，主动放弃坐享其成的加工贸易红利，停止登记注册新的"三来一补"企业。1995年10月，深圳市委、市政府发布《关于推动科学技术进步的决定》，明确"以高新技术产业为先导"的战略思想，同时出台了一系列的引导政策，引导企业建立研发机构提升自主创新能力。这一战略决策比国内其他城市早10年。在"八五"计划中，深圳明确提出"以高新技术产业为先导，先进工业为基础，第三产业为支柱"的产业发展战略，"九五"计划又提出把"深圳建成高新技术产业开发生产基地"的目标。《深圳市科技发展"九五"计划和2010年规划》就明确了"九五"期间重点发展计算机、通信、微电子及新型元器件、机电一体化、新材料、生物工程、激光七大高新技术产业。"十二五"期间，举全市之力建设创新型城市。一直到目前正在实施的"十三五"科技创新发展规划，深圳对科技创新产业发展目标把握精准，高效施力，不断推动深圳科技产业向高端发展。

（二）把握利用国内外创新资源的时机

相对于产业发展的需求，创新资源一直是稀缺的，但深圳市很好地把握了获取创新资源的机会。一是1984年，在国家科委的指导下，深圳市政府争取与中科院共建深圳科技工业园，为深圳利用中科院的人才和成果搭建了一个非常好的平台。1985年建成的深圳科技工业园，以中科院的技术和人才为后盾，积极探索科技成果的商品化和产业化，创建了一批拥有自主知识产权的高科技企业。1999年，深圳科技工业园1平方公里面积的园区工业产值达253亿元，其中高新技术产品产值比重超过95%。[①] 二是坚持推进深港两地科技合作。早期主要通过与港商合资或合作的方式直接引进技术，或将科技成果通过港商进行产业化，或利用港商的市场信息合作开发新技术，或接受港商委托开发新技术；后期推动香港高校和科研机构与深圳企业开展科技合作，多所香港高校进驻虚拟大学园，香港中文大学承办深圳校区。目前，正开展与香港的全面科技合作，启动落马洲河套地区开发，着力打造港深创新科技园。三是积极引进国外高端创新资源。从1992年开始至今，深圳市政府多次组织企业和科研机构赴海外招聘人才。早在2000年，深圳就出台了《深圳市政府关于鼓励出国留学人员来深创业的若干规定》，制定优惠政策吸引海外人才来深创业。2011年4月，利用欧美因金融危机减少科研投入之机，启动"孔雀计划"，出台《关于实施引进海外高层次人才"孔雀计划"的意见》。截至2017年10月底，已累计认定海内外高层次人才9604人。2016年底启动的"十大诺贝尔科学家实验室"计划，已经成立了5家。

（三）规范市场为科技企业发展保驾护航

在20世纪80年代末到90年代初，深圳就开始制定系列规范市场的规

[①] 方胜华：《深圳科技工业园发展自主知识产权高新技术产业的实践》，《高科技与产业化》2001年第2期。

则，目前已经制定和实施了50多个鼓励自主创新和发展高新技术产业的规范性文件。1987年2月，深圳颁布了《关于鼓励科技人员兴办民间科技企业的暂行规定》，其中关键的一条就是承认知识产权的价值，允许科技人员用专利等知识产权入股。日后，华为总裁任正非也承认，这一"红头文件"确实对华为的最初创业起到了很大的刺激作用。1993年的《深圳经济特区民办科技企业管理规定》放宽了民办科技企业的创办条件，民办科技企业数量当年实现大幅增长。1998年的《关于进一步扶持高新技术产业发展的若干规定》（简称"22条"），全面完善和规范了政府推动高新技术产业发展的政策措施。2004年的《关于完善区域创新体系推动高新技术产业持续快速发展的决定》，第一次系统地提出了建设区域创新体系的基本要求和目标。《深圳经济特区无形资产评估管理暂行办法》《深圳经济特区技术经纪行规定》《深圳经济特区企业技术秘密保护条例》《深圳经济特区人才流动办法》等法规的出台，有效地保护了企业的知识产权和技术诀窍，保证了高新技术产业健康发展。

二 政府围绕产业需求提供服务

在深圳科技产业发展过程中，市政府真正做到了全心做好各项服务。深圳市原市长许勤曾表示："深圳政府从来不干预企业做的事，我们做好'保姆'。"深圳的政商关系完全遵守市场经济规律，恪守政府与市场的分野，政不扰企，企不媚政，各守分际，各出其力。

（一）公平地将有限的资源向企业倾斜

深圳市政府总是急企业之所急，想企业之所想，积极帮助企业解决难题，压缩政府编制，推行"小政府，大服务"，将有限的资源引向企业。当年，国家科委支持深圳市创业服务中心25万元开办费，他们都用来支持民科企业成果的转化，支持了11个项目，滚动资金达60.5万元。[①]1996年，时任市委书记厉有为顶住压力，协调中国工商银行深圳分行给华为解决了3000万元的贷款。在此之前，身为民营企业的华为一直得不到

---

① 谢绍明：《特区建设中一支不可忽视的科技力量——深圳市民间科技企业调查报告》，《科技进步与对策》1991年第6期。

以国有银行为主的金融体系的资金支持。在1998年出台的《深圳市高新技术企业的认定和考核办法》中，市政府规定不论企业经济性质、隶属关系，只要符合市高新技术企业标准的都给予认定，享受优惠政策，如减免土地使用费、减免城市增容费、减免税收、解决户口指标、解决微利商品房、办理赴港长证、安排科技贷款等，使这些企业在市场竞争中优先得到发展。政府的目的就是有效降低企业研究开发的直接成本和综合社会成本。

（二）建立并完善生产要素市场

完善的市场能够便利企业获取生产要素，深圳市在市场建设方面着手早、成效好。一是最早建立技术交易市场。1986年4月10—20日，由国务院科技领导小组办公室、国家经委、国家科委、国防科工委、广东省政府、深圳市政府联合举办的中国深圳技术交易会举行。交易会期间，共与客商签订50多个合同或意向书，成交额达1300多万元。先后建立了科技成果交易中心、技术经纪行、无形资产评估事务所、技术合同仲裁委员会以及知识产权审判庭等机构，基本形成一个集交易、中介、评估、信息咨询、专利代理、仲裁和审判各环节的一条龙技术市场体系，积极为技术供求双方创造一个公平交易、平等竞争、渠道畅通的良好的市场环境。[①]1999年开始，每年举办一次中国国际高新技术成果交易会。二是最早建立人才交易市场。1991年6月7日，深圳市以《深圳经济特区大学中专毕业生就业合同管理暂行办法》为起点建立人才流动的市场化规则。2002年3月1日，深圳市出台了《深圳市办理人才居住证的若干规定》，确定了户口不迁、关系不转、双向选择、自由流动的人才柔性引进机制；同年10月1日开始实施《深圳经济特区人才市场条例》。三是最早建设科技风险投资市场。1997年9月4日，深圳市成立"深圳市科技风险投资领导小组"和办公室，负责领导创建科技风险投资机制的工作，这标志着深圳科技风险投资体系的创建工作正式拉开了帷幕。1998年4月，深圳市政府出资并发起，分别创建深圳市高新技术创业投资公司及高新技术产业投资基金，引导社会资金及境外投资基金投资深圳的高新技术产业。目前，风险

[①] 叶民辉、赵善游：《深圳科学技术呈全方位发展新格局》，《深圳特区科技》1994年第2期。

投资市场规模一直位居全国前三强。

（三）营造激励科技创新的文化环境

为发展高新技术产业，深圳市政府积极推动各界各阶层的人民一起参与，营造全社会都重视科技创新的社会氛围，形成包括工商、税务等各界在内一起出力的大合唱，而不是科技界的一家独唱。鼓励企业尊重知识、尊重人才，支持技术持有人以技术估值入股企业。1992年成立的深圳市天鼎公司，就实行了技术持有人以专有技术作价占股8%，参与企业的经营利润分配。支持企业重用人才，在华为公司出现过26岁的总工程师，华为的员工持股为公司发展注入了强大的内动力。加强知识产权保护的立法和执法，大力鼓励发明创造，切实保护知识产权合法拥有人的正当权益。通过法规和规章来规范政府和企业的行为，协调各部门的工作，把全市的科技工作纳入法制的轨道。与此同时，加强科学技术的普及工作和科技宣传教育工作，提高全体市民的科技素养和科技意识，形成人人爱科学、个个学科学的社会气氛，为科技进步创造良好的文化环境。[1]

三 市场配置产业发展所需要的资源

充分发挥市场配置资源的决定性作用，这是深圳市改革开放40年的重要经验。深圳是中国市场机制的试验田，一直坚持以市场导向发展科技产业，从无到有建市场，从不规范到规范管理市场，人才、资金、土地、知识、技术等生产要素都由市场来配置。

（一）国有资源由市场配置

改革开放初期，国内建设的科技工业园都由政府投资建设，采用行政管理方式，而深圳科技工业园却是以企业经营的方式建设和管理。利用特区的优越条件，经营园区的土地开发，创造投资环境以吸引先进技术、资金和人才，同时进行科研开发和生产活动，通过自身项目投资引导、扶持和推动园区高技术企业的建立和发展，并在这个过程中，逐步积累资金，

---

[1] 李子彬：《贯彻落实全国和全省科技大会精神　促进深圳市科技、经济和社会发展》，《深圳特区科技》1995年第4期。

实行滚动开发。① 1999 年 8 月 26 日，由深圳市政府牵头发起设立深圳市创新科技投资有限公司，创新投成立时注册资金 7 亿元，市政府投入 5 亿元，社会募集了 2 亿元。深圳市的国有企业都通过混合所有制改革，实行市场化经营，通过市场机制引导国有资源的有效配置。

（二）资本流向由市场决定

深圳是全国最早建立资本市场的城市，目的就是通过资本市场引导资本流向利用效率高的企业。1991 年 7 月 3 日，深圳证券交易所正式成立。1993 年 6 月 3 日，全国第一家试行资金公开买卖的融资中心在深圳成立。2004 年 5 月 27 日，"深交所中小企业板块启动仪式"在深圳举行。同年 7 月 21 日，深圳市政府出台《加强发展资本市场工作的七条意见》。2009 年 10 月 30 日，中国深圳创业板正式上市。2012 年 6 月 8 日，深圳市科技金融服务中心挂牌，旨在为科技金融创新探索新道路。2013 年 5 月 30 日，前海股权交易中心在深圳开业，首批挂牌企业 1200 家。多层次资本市场的存在，为科技企业借力资本市场提供了极大的便利。特别是中国特色科技风险投资体系的完善，集合了全社会的力量来判断科技创新的方向。腾讯、大族激光等深圳高科技企业都是风险资本市场的受益者。截至 2017 年 10 月 31 日，中国 A 股上市公司的深企 267 家；截至 2017 年 10 月 16 日，深圳市中小板上市企业累计 108 家，深圳市上市培育办新三板登记备案企业 1059 家，其中已挂牌 830 家。

（三）人才和技术由市场估值

人才是科技产业发展的关键资源，激活了人才的创新潜力，就为科技产业发展提供了强大的驱动力。人才和技术的合理估值是激活人才创新能力的重要前提。建立人才和技术交易市场，让市场的供求双方力量决定人才和技术的估值，这是深圳改革最成功之处。企业经营者的薪酬由其经营业绩决定。20 世纪 90 年代初，中科院希望集团与深圳科技园合资的希望天园公司的公司经理、主管开发的副经理和市场部经理在完成合同规定的经营目标后，奖励其一定数量的企业股份，并享有相应的权利和承担相应

---

① 曾节：《深圳科技工业园的宝贵探索和有待解决的问题》，《特区经济》1991 年第 4 期。

的责任。① 2003年5月1日开始，深圳市对市属国有企业经营者全面推行年薪制，年薪由企业的经营业绩决定。人才的价值与企业效益挂钩。很多深圳企业与华为一样，采用"头脑入股"的方式，把引进的人才同企业的发展捆在一起，形成利益共同体，人才的价值与企业经营效益直接挂钩。员工持股后，因公司上市或并购而成为富翁的在深圳很常见。在深圳宽松的创业环境下，选择创业将技术产业化的人才价值实现方式的科技人才也有很多，创业致富已经在深圳蔚然成风，每十个深圳人中就有一个是老板。

四 企业自由竞争谋求发展

相对于内地企业，深圳的企业最早处于市场经济环境中，最早感受到市场竞争的残酷性和竞争的巨大压力，最早理解了企业技术创新的重要性，具有更强烈的"企业发展必须靠市场而非市长、必须靠创新而非政府制度安排"的意识。所以，深圳的企业会主动建立研发队伍、设立研发机构、完善产业链条和拓展国内外市场。

（一）企业主动建立研发队伍

深圳企业进行自主创新，不仅仅是为了"活下去"，更多的是为了"活得更好"。很多深圳企业为了自主创新建立了自己的研发队伍。深圳市统计年鉴的数据表明：1993年，深圳市共有民办科技企业434家，企业从业人员4981人，其中科技人员2693人，占职工总数的59.5%。2009年，规模以上工业企业有研发活动的企业为1018家，科技活动人员186607人，科技经费支出40.46亿元；2016年，规模以上工业企业有研发活动的企业为2117家，科技活动人员345387人，科技经费支出123.46亿元。深圳企业华为坚持每年将10%以上的销售收入投入研发。2016年，从事研发的人员约80000名，约占公司总人数45%；研发费用支出为人民币76391万元，占总收入的14.6%。深圳的众多中小企业在研发上投入的力度也是很大的。

---

① 方胜华：《深圳科技工业园发展自主知识产权高新技术产业的实践》，《高科技与产业化》2001年第2期。

(二) 企业主动与科研机构开展合作

深圳企业对技术变化很敏感，很多科技企业的管理者就是从研发人员成长起来的，他们与自己的母校经常保持联系，关注着科技的变化，很多企业主动与大学科研机构合作研发。深圳企业与1983年成立的深圳大学和1993年成立的深圳职业技术学院等本地高校有很多的科研合作，深职院65%以上的科研项目都是与企业合作的。1999年建立的深圳虚拟大学园更为企业加强与大学科研机构的合作提供了便利，国内外的47所大学在深圳设立成果转化基地——研究院，已经在深圳转化成果1744项。清华大学、北京大学和哈尔滨工业大学于2001年在深圳建设研究生院，深圳企业可以申请大学在企业设立博士后工作站，与企业开展科研合作。深圳238家博士后设站单位中有200多家是企业，例如华为公司已出站的博士后罗兵研制成功的通信电源和环境集中监控系统，不仅打破了进口设备的垄断地位，也为企业创造了4亿人民币的经济效益。[①] 此外，传统科研机构向企业方向延伸成为新型研发机构，目前，深圳有新型研发机构41家，它们通过企业化运作直接将科研成果推向市场。

(三) 企业主动完善产业链

深圳成熟而完善的产业链是深圳科技企业整体竞争实力的重要标志。深圳与周边区域已经形成的产业链有：通信产业链、计算机及外设产业链、软件产业链、数字视听产业链、集成电路产业链、新型平板显示产业链、LED产业链、新能源汽车产业链、移动互联网产业链、智能制造产业链、云计算产业链和大数据产业链等。这些产业链是在政府的引导下，企业主动参与策划和建设而成的，有相应的产学研联盟的支撑，如LED产学研联盟、专业无线数字通信产学研联盟、集成电路（IC）产学研联盟、云计算产学研联盟、移动互联网产学研资联盟等。当然，深圳市政府也会及时了解产业链是否存在缺环，如果缺环在短期内无法通过市场来完善，政府也会主动帮助完善，如投入产业共享的实验设备或检验设备等。

(四) 企业主动拓展市场

深圳企业家具有强烈的创新精神和竞争意识，具有比较强的市场驾驭

[①] 王一鸣：《企业博士后科研工作站再探讨——产学研合作的深化与创新模式的会聚》，《科学管理研究》2013年第4期。

能力，他们不断向市场推出具有更高技术含量和更高附加值的产品，并孜孜以求地打造自己的品牌。深圳企业注重市场信息的收集与分析，愿意在市场调研方面积极投入，不断开拓国内外市场。深圳早期作为对外开放的"窗口"，引进了很多外向型企业，也为深圳培养了大量的外向型人才，这为深圳企业开拓海外市场奠定了基础，可以说深圳企业有海外拓展的基因。另外，国外市场相对比较规范，只要与客商把握好产品质量、价格、交货期、货款回收四个关键问题即可，深圳企业更愿意挖掘国外市场的潜力。因此，传统的欧美市场和"一带一路"沿线国家都少不了深圳企业的身影。据深圳海关统计，2017 年深圳市进出口总额 2.8 万亿元人民币，其中出口值 1.65 万亿元，增长 5.5%，占同期全国出口总值的 10.8%，继续位列内地大中城市首位，实现 25 连冠。

第三节 深圳科技产业的未来发展

深圳的科技产业正迈入"引领"时代，深圳企业在多个领域已经具备引领世界科技创新的能力。在深圳布局建设一批具有国际先进水平的科技基础设施后，它将形成重大源头创新与前沿突破的强力支撑，深圳企业的自主创新能力将进一步强化。带动新一轮深圳产业增长的主导产品，将是：5G 移动设备制造、云计算、大数据设备和服务产品、互联网平台、智能制造机器人、家庭服务机器人、桌面 3D 打印机、工业产品打印机、新材料等。

一 引领式创新带动科技产业发展

"在愈演愈烈的国际竞争中，唯有进行引领式创新，赢在新领域的起跑线上，才能拥有话语权。"华讯方舟集团副总裁丁庆在公司研制出了具有世界先进水平的微波毫米波射频芯片时说。深圳的华为、中兴、比亚迪等龙头骨干企业正在发挥创新引领作用，牢牢占据了全球创新链中的关键环节，引导更多的国内外创新资源、创新要素、创新人才、创新资本在深圳集聚集群发展。在协助全球运营商持续推进全行业的数字化转型过程中，华为引领了 5G 合作创新。大疆公司通过技术创新引领消费级无人机新市场，占据全球约八成市场份额。深圳实现引领式创新，正具备越来越完善的条件：一是政府的强力支持。深圳搭建了良好的政策环境，在自主创新"33条"、创新驱动发展"1+10"等已有政策的基础上，2016年又密集出台了支持企业提升竞争力、促进科技创新、人才优先发展、完善人才住房制度、高等教育发展等系列政策文件，培育有利于"双创"要素茁壮成长的创新生态政策体系。二是汇聚了全球高端创新资源。深圳求贤若渴的诚意打动了众多科技大腕。2017年4月10日，2012年诺贝尔化学奖得主布莱恩·科比尔卡与2013年诺贝尔化学奖得主阿里耶·瓦谢尔同时在香港中文大学（深圳）成立了科比尔卡创新药物开发研究院和瓦谢尔计算生物研究院，使得深圳由诺贝尔奖科学家组建的实验室增至4家。① 三是深圳拥有大量的科技创新企业。深圳科技企业有3万多家，其中国家级高新技术企业1万多家。这里不仅有已经在众多领域内发挥关键作用的龙头企业，还有细分领域里的单打冠军，更有无数正在创新路上奔跑的中小微创业企业和创客。②

二 多个科技产业集群相互支撑发展

深圳不仅每个科技产业都集群式发展，而且是多个科技产业相互支撑发展，共同构成科技产业生态群向高端进化。未来科技产业中，人工智能产业需要大数据产业提供海量的数据对机器进行驯化，大数据产业则需要高速通信网络产业来收集数据。同时，人工智能产业又需要脑科技产业提供算法支持。另外，高科技产业的发展离不开新材料和新能源的支持。深圳在这些未来产业上都已经形成了较好的基础。随着5G通信技术的发展，结合AI和VR的应用场景迭代，智能手机将成为人工智能最主要的承载点。5G通信方面，华为和中兴引领的整个产业已经走在世界前列，同样，智能手机产业中，华为手机全球率先应用了人工智能芯片。目前中国在人工智能领域发展较好的企业有150多家，深圳在全球人工智能企业数量排名中列第八，腾讯、华大基因、碳云智能、大疆、优必选、码隆科技等深

---

① 王海荣：《创新沃土，东方硅谷》，《深圳商报》2017年8月16日。
② 同上。

圳企业都在人工智能领域进行了布局。根据《深圳市促进大数据发展行动计划（2016—2018年）》，2018年深圳市将建成完善的大数据基础设施，形成较完善的具有核心自主知识产权的大数据产业链，其中深圳超算中心二期已经启动。

三 与周边城市产业协调发展

深圳"十三五"规划纲要提出，强化东中西三轴辐射带动，推动东部发展轴由罗湖、盐田向龙岗、坪山、大鹏延伸；实施中轴提升战略，推动中部发展轴由福田南联香港，由龙华、光明向北延伸；提升西部发展层级，推动西部发展轴由南山蛇口半岛北经前海、空港新城、沙井、松岗，联系东莞西部并通往广州。这是深圳基于发展实际做出的有力擘画。深莞穗创新走廊已经成为广东省科技创新方面的重大战略布局，它确定的十大核心中广州、深圳、东莞分别有4、4、2个创新平台入选，深圳四大创新平台都有实力雄厚的科技创新企业龙头以及大量的配套企业，而东莞的两个平台松山湖以及滨海湾新区都在深圳辐射范围之内，以深圳为主导和核心地位的科技产业协作基调已经初步确定。深汕合作区正式纳入深圳管辖后，深惠汕将形成一个东向的科技产业协调发展区。"东进"是深圳总体发展战略中的重头戏。未来，深圳特区主要是科技企业研发和服务总部的集中区，围绕研发总部的周边区域将是中试、规模化生产的制造基地。

四 产业企业向高科技服务业发展

高技术服务业主要是特指高技术制造业向后延伸形成的新业态，其发展壮大对我国高技术产业乃至整个经济社会发展有特殊重要的意义。高技术服务业项目具有明显的技术创新特征，旨在通过增值的专业化服务扩散高技术成果，促进传统产业升级、产业结构优化调整和经济增长方式的转变。高科技服务业包括：研究与试验发展、专业技术服务业、工程技术与规划管理、科技交流和推广服务业等产业。深圳科技企业向高技术服务方向发展具有很好的基础：一是深圳已经初步形成一个人才密集、知识密集、附加值高、低能耗、支撑并服务于经济、产业和企业发展的高技术服务体系；二是作为有"中国硅谷"美誉的深圳，其创新实力已经被国内大部分地区所认可；三是深圳信息产业发达，为企业转向高技术服务业提供了很好的技术工具；四是深圳是设计之都，拥有大量的设计人才，这为企业转向技术服务业提供了人才支撑；五是深圳已经有一批企业成功向服务业转型，如华为的安全防控服务、腾讯的云计算服务、怡亚通的供应链服务等；六是从土地资源的约束来看，深圳企业必须向高技术服务业转型才能在深圳生存下去。

五 产业生态体系进一步完善

深圳科技产业过去的成功得益于产业生态的形成，其未来也将取决于产业生态的不断优化。一是以民办科研机构为主的源头创新体系将不断扩张。清华大学深圳研究院、中科院先进技术研究院、华大基因研究院、圆梦精密技术研究院、太空科技南方研究院等这类新型科研机构的数量将大幅增长。二是国家级重大创新载体落户深圳的数量将增加。深圳联合教育部、中科院共同建设国家未来网络科技基础试验设施；在卫生与健康领域，建立"深圳综合细胞库"和"深圳（北科）区域细胞制备中心"以及全省第一个卫生系统 P3 实验室。十大诺贝尔奖获得者实验室也将全部建设到位。三是特区人才优先发展有了法律保障。2017 年 11 月 1 日，《深圳经济特区人才工作条例》正式实施，人才培养、引进、流动、评价、激励、服务和保障等工作有了法律保障。四是资本市场继续为相关产业公司转型升级、发展壮大提供有效支撑。深圳共有 350 多家上市公司，总市值排名全国第二。五是粤港澳大湾区规划实施，推动深港澳的科技合作进一步深化。2017 年深圳前海蛇口自贸片区新引进港企 2400 多家，新孵化港澳青年创新创业团队 81 个。以市场为导向，产业化为目的，企业为主体，人才为核心，公共研发体系为平台，辐射周边，拓展海内外，官产学研资介相结合的区域创新生态体系将基本完善。

第四章　深圳科技载体：从"铁皮房"到"高大上"

深圳起初没有一家国家级重大科技基础设施，现在发展到国家基因库等多个重大科技基础设施投入运营。科技企业华为初创时在"铁皮房"中做研发，发展到目前在全球布局15家研发中心，全球竞争话语权不断增强。创新载体是科技发展的重要源头、创新人才培育的重要摇篮、实现可持续发展的重要保障，是一个国家或城市建设先进文化的重要基础和综合实力竞争的重要战略资源。深圳市已基本形成基础研究为引领，市场化为导向，企业为主体的开放合作、民办官助为特色的创新载体体系。中国创新看广东，广东创新看深圳，深圳在载体建设驱动创新、创新驱动发展的道路上，形成了创新载体建设的深圳模式与深圳经验。

第一节　深圳创新载体生态体建设成果

"载体"（vector）是科学技术研究中广泛采用的一个概念，在不同的科学领域，有其固有的含义。按照《现代汉语词典》的解释，"载体"表示能传递能量或运载其他物质的物质，如信息技术和通信系统中，通常把信息的发生者称为信源，信息的接受者称为信宿，传播信息的媒介称为载体；也表示承载知识和信息的物质形体，如语言文字是信息的载体。虽然在不同领域，解释略有不同，但载体的基本属性是发挥承载或传递的作用，并具催化的特性。因此，"载体"的三个最基本特征是：传递性、承载性和催化性。而且，对应不同的事物和不同的状态变化过程，需要不同类型的载体。

"创新载体"是目前实践中已经广泛使用的概念，国家科技管理部门经常使用，但常采用"只使用、不解释"的做法，而且常与"创新平台"的概念进行互换使用。学术界同样也没有文献对"创新载体"的概念进行明确的界定与定义。但"创新载体"的概念源于"载体"的概念，但又与传统的"载体"有显著的差别。本书将创新载体定义为：加速创新知识创造、传递、聚合和转化的物质基础和必要条件；具体包括促进新知识的产生、新知识向新技术的应用转化、新技术向新产品（或服务）转化、新产品向新产业转化，以及促进这一过程中各类知识聚合的一切中间媒介。① 从狭义上来讲，创新载体主要包括重点实验室、工程实验室、重大基础设施、工程技术中心、公共技术服务平台、孵化器等。从广义上讲，科研院所、大专院校、科技园区、创客中心等具有提供科研基础条件、设计重大创新课题、承担科技攻关任务、实施科技成果推广、服务广大中小企业、锻炼培养创新人才等功能的组织，也都或多或少具有载体的某些功能，且是狭义类创新载体的重要依托机构，因此从广义上讲也可称为创新载体。②

一 大学：创新人才和成果培养载体从 0 到 20

1980 年，中国创办深圳经济特区；1983 年，深圳经济特区创办深圳大学，当时深圳财政收入每年 1 亿多元，市委决定拨款 5000 万元建设深大。深大目前已形成了学士、硕士、博士的完整人才培养体系，并建有医学合成生物学应用关键技术国家地方联合工程实验室、光电子器件与系统教育部重点实验室等创新成果培育载体。深圳现有高校 13 所，分别是：深圳大学、南方科技大学、香港中文大学（深圳）、深圳北理莫斯科大学、中山大学·深圳、哈尔滨工业大学（深圳）、深圳职业技术学院、

---

① 张志彤：《战略性新兴产业的技术系统与创新载体研究》，博士学位论文，电子科技大学，2014 年，第 11—25 页。

② 姜静等：《青岛市科技创新载体分布现状》，《中国科技信息》2016 年第 22 期。

深圳信息职业技术学院、清华大学深圳研究生院、北京大学深圳研究生院、暨南大学深圳旅游学院、广东新安职业技术学院、深圳广播电视大学，共有全日制在校生 9.98 万人。到 2025 年，深圳高校数量计划达到 20 所左右。

二 工程技术中心：产业技术研发载体达到569家

工程中心是指依托于行业、领域具有综合优势的企事业单位，具有较完备的工程技术综合配套试验条件，有一支优秀的研究开发、工程设计和试验的专业科技队伍，并能提供多种综合性技术服务的科技研究开发实体。技术中心是指在企业中设立的具备较强的技术创新能力，完善的技术开发配套试验条件，拥有一支优秀的技术开发、产品设计和市场开拓的技术管理人才队伍，具备为企业持续发展提供长期的技术支撑能力并对企业及行业发展做出显著贡献的技术开发机构，是企业技术创新体系的核心和企业技术进步的主要技术依托。

1996 年，华为技术有限公司成立了国家宽带移动通信核心网工程技术研究中心、深圳市数字通信工程技术研究开发中心、华为技术有限公司技术中心，中兴通讯股份有限公司成立了中兴通讯股份有限公司技术中心。中兴、华为借助技术的创新突破来驱动企业发展与商业模式革新获得成功，工程技术中心为华为、中兴实现更好的全连接世界，在关键技术、基础工程能力、架构、标准和产品开发等方面提供了强有力的技术支撑，也是中国在国际通信科技领域抢夺话语权的后备军。

深圳依托企业衍生出大批高质量的工程技术中心，华为、中兴工程技术中心仅仅是企业设立工程技术中心的成功缩影。截至 2017 年底，深圳市工程中心数量为 334 家，其中国家级 7 家，省级 130 家，市级 197 家，如图 4-1 所示。深圳技术中心数量为 235 家，其中国家级 24 家，市级 211 家，如图 4-2 所示。

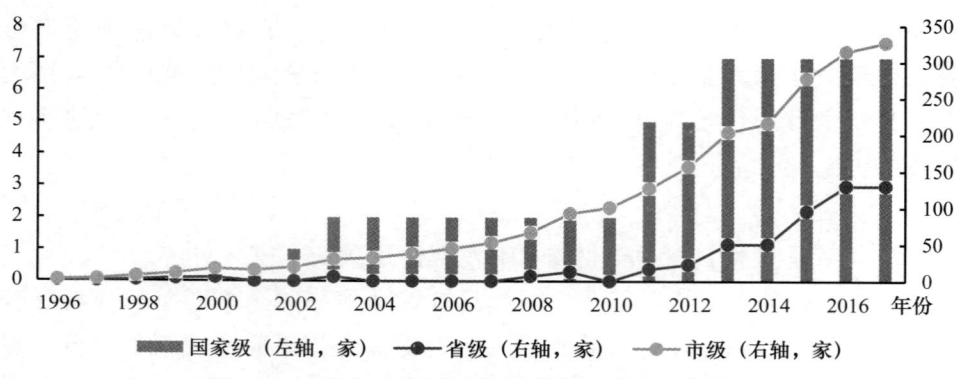

图 4-1　1996—2017 年深圳市各级工程中心的数量

资料来源：根据 2017 年深圳科技创新委员会官网信息整理。

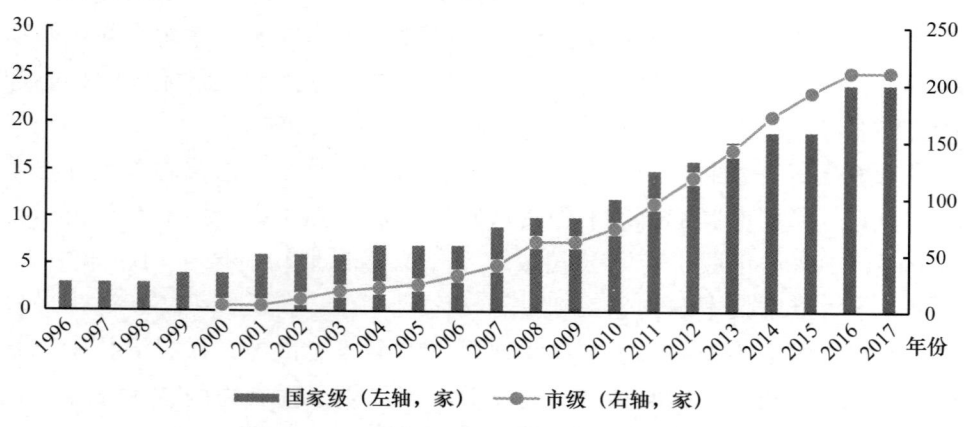

图 4-2　1996—2017 年深圳市技术中心数量

资料来源：根据 2017 年深圳科技创新委员会官网信息整理。

三　重点实验室：源头创新载体平地崛起

重点实验室是科技创新体系和实施创新驱动战略的重要组成部分，是组织高水平基础研究和应用基础研究、聚集和培养优秀科学家、开展高层次学术交流的重要基地。

1997 年，深圳职业技术学院成立深圳发酵精制检测系统重点实验室；1998 年，深圳清华大学研究院成立深圳市电子设计自动化（EDA）与网络应用技术重点实验室，深圳大学设立深圳现代通信与信息处理重点实验室；2003年，香港理工大学深圳研究院设立深圳市中药药学及分子药理学研究省部共建国家重点实验室培育基地。以重点实验室为核心的基础研究体系是提高深圳原始性创新能力、积累智力资本的重要途径，是屹立于全球科技强市之林的重要保障。近十年来，深圳市重点实验室建设步伐明显加快，市级重点实验室数量呈现指数式增长，深圳市积极引导市级重点实验室向省级、国家级重点实验室申报，国家级、省级重点实验室呈现稳中求进的态势。截至2017年底，全市重点实验室271家，其中国家级重点实验室14家、省级重点实验室24家、市级重点实验室233家。高校（包括研究生院）、科研院所是重点实验室的重要依托单位，具有绝对的优势，占比超过70%，依托高校（包括研究生院）组建的重点实验室106家，占总数的40.9%，其中深圳大学（35家）、哈尔滨工业大学深圳研究生院（14家）、清华大学深圳研究生院（23家）、北京大学深圳研究生院（18家）和其他高校（16家）；依托研究院组建的重点实验室84家，占总数的32.4%；依托医疗卫生机构组建的重点实验室34家，占总数的13.1%；依托公司组建的19家，占总数的7.3%；依托其他机构的16家，占总数的6.17%，详见图4-3所示。

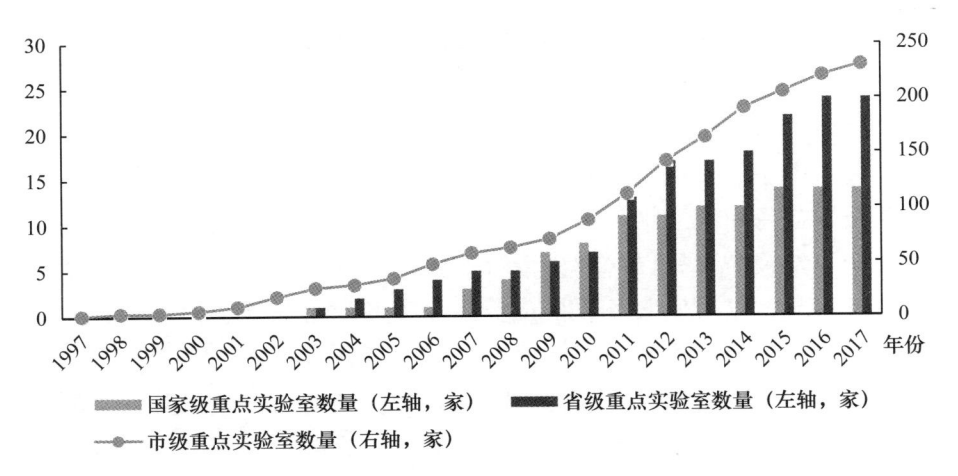

图4-3　1997—2017年深圳重点实验室数量

资料来源：根据2017年深圳科技创新委员会官网信息整理。

四 虚拟大学园：产学研合作创新载体探索成功

1999年，深圳市成立的深圳虚拟大学园是深圳市委、市政府为大力发展高新技术产业而实施的具有战略意义的创新举措，是我国第一个集成国内外院校资源，按照一园多校、市校共建模式建设的创新型产学研结合示范基地及企业孵化基地。深圳虚拟大学园作为深圳在大力发展高新技术产业背景下而探索实施的一大创举，有效突破了地域限制，将异地科教智力资源与深圳体制机制优势和市场需求相结合，在大学资源集聚、创新载体建设、高层次人才培养、科技成果转化、科技企业孵化等方面取得了辉煌的成就。虚拟大学园聚集了58所国内外知名院校，包括清华大学、北京大学、哈尔滨工业大学、香港大学、香港科技大学、佐治亚理工学院等国内外知名学府。园区作为各成员院校在深圳发展的创新载体，聚集创新资源，不断提升市校合作水平，将大学的科研和智力优势融入深圳国家创新型城市建设，在人才培养、成果转化、技术创新、深港合作与国际化等方面为深圳经济建设与发展做出了突出的贡献，也为成员院校深化教学科研改革、服务社会、支持地方经济发展进行了卓有成效的探索，实现了市校共赢。

五 技术服务平台：科技创新服务载体质量国内领先

（一）公共技术服务平台

公共技术服务平台是指在产业集中度较高或具有一定产业优势的地区，构建为中小企业提供技术开发、试验、推广及产品设计、加工、检测等公共技术支持系统。深圳市公共技术服务平台的建设定位于围绕高新技术创新产业发展需求，以深圳优势行业、重点行业及相关技术领域企业为主要服务对象，以研发服务、科技资源保障、设备共享、检测认证、技术转移、信息服务等为主要功能，促进各类创新资源集成、开放、共建、共享、服务于企业技术创新活动，协助企业降低创新成本，提升自主创新能力，推动高新技术产业发展。深圳市在推进企业创新过程中，一个成功的做法就是建设公共技术平台，为中小企业的创新研发提供服务。公共技术平台正在整合各部门的资源优势，弥补单个企业研发能力不足的问题。

2005年，华南产权交易中心成立深圳市技术产权交易公共技术服务平台；2006年，深圳天威视讯股份有限公司成立了深圳市有线数字电视公共测试公共技术服务平台，深圳市计量质量检测研究院成立深圳市LED检测公共技术服务平台，深圳市人民医院成立深圳市干细胞与细胞移植公共技术服务平台服务于医疗事业；2010年，依托深圳市高新区信息网有限公司成立深圳市电子商务云计算公共技术服务平台。深圳的公共技术服务平台主要分布于高校（包括研究生院）、科研院所、医疗卫生机构。深圳的公共科技服务平台以市级的为主体，截至2017年底，深圳市公共服务平台数量为167家，其中省级1家、市级166家。

（二）科技产业园区

深圳高新区的前身是深圳科技工业园，它是中国大陆第一个科技工业园，是改革开放和世界新技术革命潮流相结合的产物。深圳高新区位于深圳经济特区西部，这里是国家级高新技术产品出口基地、亚太经合组织开放园区、国家高新技术产业开发区、国家知识产权试点园区、中国青年科技创新行动示范基地、国家火炬计划软件产业基地、国家高新技术产业标准化示范区、国家海外高层次人才创新创业基地、科技与金融相结合全国试点园区以及国家文化和科技融合示范基地。高新区中一批以深圳天安、灵狮、硅谷动力等为代表的科技园，已成为民营科技园逐渐兴起的典范；民营科技园区主要依靠市场机制培育和发展民营科技企业，以促进民营科技创新与科技成果转化以及民营科技企业孵化成长为主要目标。民营科技园区逐渐崛起，呈现出集团化、规模化、集约化发展趋势，如深圳天安数码城福田园区、深圳设计之都创意产业园、深圳硅谷动力汽车电子创业园、深圳中海信科技园、深圳国际低碳城、深圳星海雅宝科技园等。经过多年探索，深圳民营科技园以其灵活的运营机制不断开辟市场，获得了极大发展空间，并呈迅速成长态势。

六 重大科技基础设施：科技前沿创新载体实现零突破

重大科技基础设施是为探索未知世界、发现自然规律、实现技术变革提供极限研究手段的大型复杂科学研究系统，是突破科学前沿、解决经济社会发展和国家安全重大科技问题的物质技术基础。重大科技基础设施的建设和运行，为科学前沿探索和国家重大科技任务开展提供了重要支撑，设施建设可以带动高新技术发展，促进了相关产业技术水平提高，凝聚和培养一批国内外顶尖科学家和研究团队，以及高水平工程技术和管理人才。

国家超级计算深圳中心（深圳云计算中心）于2009年由中国科学院、深圳市政府共同建设，总投资12.3亿元，是深圳市建市以来由市政府投资最多的国家级重大科技基础设施，该项目是国家863计划、广东省和深圳市重大项目。

深圳国家基因库于2011年10月由国家发展改革委员会、财政部、工业和信息化部以及卫生部四部委批复，并由深圳华大基因研究院组建及运营。这是我国唯一一个获批筹建的国家基因库，是继美国国家生物技术信息中心（NCBI）、欧洲生物信息研究所（EBI）、日本DNA数据库（DDBJ）之后全球第四个国家级基因库，综合能力位居世界第一，填补了我国长期缺少国家级基因数据中心的空白。深圳国家基因库已存储多种生物资源样本1000万份，将成为全球最大的基因数据产出平台。开放数据中心将公开发布癌症数据集成与整合分析平台、人体微生物数据库、罕见病数据库、免疫数据库、人类遗传变异数据库等数据，成为为国家生命科学研究和生物产业发展提供基础性服务的公益性平台。

大亚湾中微子实验项目总投资1.6亿元人民币，得到科技部、中国科学院、国家自然科学基金委员会、广东省、深圳市和中国广东核电集团的共同支持，是我国基础科学领域最大的国际合作项目。2012年3月宣布发现新的中微子振荡模式，在精确测量值方面取得国际领先，这是中国诞生的一项重大物理成果，被称为中微子物理的一个里程碑。2012年底，大亚湾中微子实验成果入选美国《科学》杂志2012年度十大科学突破。2013年1月19日，该项科技成果被选为2012年中国十大科技进展。

七 科技企业孵化器和众创空间：创新创业载体享誉全球

（一）科技企业孵化器

科技企业孵化器通过整合行业资源、政府资源、专业技术资源、商业信息等创新、创业所需的各类资源，构建一个网络孵化平台，为创新、创业企业提供便利的服务，使孵化企业可以通过商业资源网络这个平台比较容易地获得所需服务、信息或资源。同时，通过提供一些公共的试验设施和共性技术,减少初创企业的基础设施和技术研发的投入,降低企业的创业成本。建立科技企业孵化器,是促进科技成果转化、培育科技型中小企业的有效途径,是为实践证明了的加速高新技术产业化的重要经验,也是建设国家创新体系和区域创新体系的重要组成部分。发展培育科技创新和进行科技孵化器建设,是加快高新技术产业发展的重要途径,是实施科技兴区兴市战略的必然选择和必由之路。深圳的科技企业孵化器在数量、规模及其取得的成果上居于国内领先水平,截至 2017 年底,累计培育近 90 家孵化器载体,其中 12 家国家级孵化器。

(二)众创空间

众创空间是 2015 年国家出台的"大众创业,万众创新"政策下的新产物,是科技部在调研深圳等地的创客空间创业服务机构的基础上,总结各地为创业者服务的经验之后提炼出来的。根据国务院《关于发展众创空间推进大众创新创业的指导意见》中的定义,众创空间是因应网络时代创新创业特点和需求,通过市场化机制、专业化服务和资本化途径构建的低成本、便利化、全要素、开放式的新型创业服务平台的统称。这类平台,为创业者提供了工作空间、网络空间、社交空间和资源共享空间。

深圳是改革开放中崛起的最年轻城市,也是全国首个以城市为单元的国家自主创新示范区,近年来实施创新驱动战略,发展新经济,培育新动能,创造出众创、众包、众扶、众筹等"四众"新模式,"双创"成果和实力领跑全国。深圳市面对互联网时代"草根创新""全民创新"的新趋势,积极推动大众创业、万众创新,强化创新、创业、创投、创客"四创联动",实施青少年创新专项计划。深圳市每年举办中国(深圳)创新创业大赛,对接政府股权投资、创业资助和创客专项资金资助,每年带动大量社会资本投入初创企业,还陆续举办了中美青年创客大赛、创客市集等系列活动。近几年,深圳的众创空间如雨后春笋般涌现。创客创新创业空间平台体系在深圳初具规模,已经建成深圳湾创业广场,涌现出了柴火空间、星河 WORLD 创客世界、华强北国际创客中心、前海梦工厂及龙岗天安数码城、中科创客学院、赛格创客中心、HAX 国际硬件创客空间等知名众创空间。此外,还培育了深圳市留学生创业园、罗湖水贝黄金珠宝创业园、布吉大芬油画村创业孵化基地、南岭中国丝绸文化创意园等一批特色鲜明的双创服务机构。

八 科技创新载体已自成体系：整体创新能力快速跃升

根据创新载体各阶段的发展特点，将载体的发展历程分为：起步阶段（1999年及之前）、完善阶段（2000—2009年）及高速增长阶段（2010年至今）。起步阶段主要是构建初步的创新载体体系；完善阶段主要是建立重点实验室、工程中心、技术中心、孵化器、重大基础设施及国家级平台等较为完备的创新载体体系；高速增长阶段主要是快速提升创新载体数量，聚集了一批高质量科研机构，兼顾创新载体质量，打造了一批国家级创新平台，保质保量达到国内领先水平。截至2017年底，已形成以重点实验室为核心的基础研究平台，以工程实验室、工程中心、技术中心组成的技术开发创新平台，以科技创新服务平台、行业公共技术服务平台组成的创新服务支撑平台，构成了深圳创新载体的三大支点。新兴技术向战略性新兴产业演进的过程中，不同的产业演进阶段需要不同的创新载体配置，保质保量快速发展的深圳创新载体是深圳产业健康发展的动力。2017年，深圳获国家科技奖15项，获中国专利金奖5项（占全国1/5），有效发明专利5年以上维持率在85%以上（居全国第一），创新能力建设取得新突破，具体见图4-4。

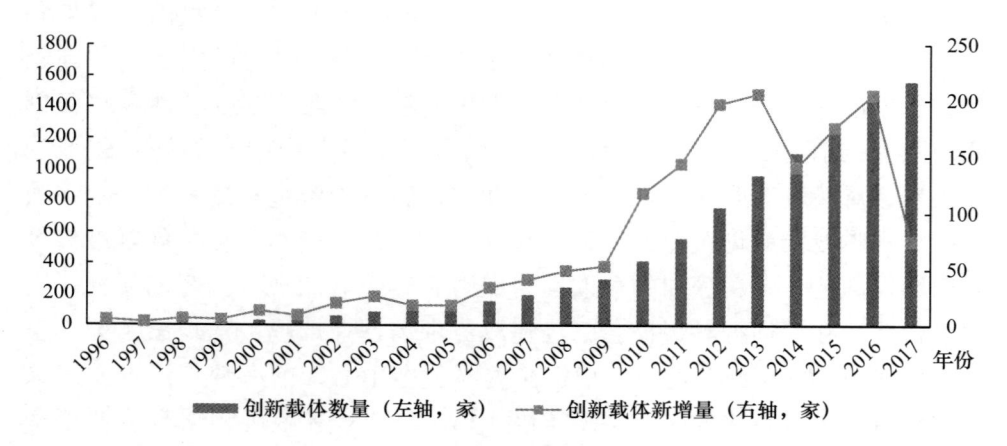

图4-4 1996—2017年深圳市创新载体数量及新增数

资料来源：根据2017年深圳科技创新委员会官网信息整理。

第二节 深圳创新载体建设的新模式

一 加强政府顶层设计，保障载体规范有序

建设科技创新载体，政府首先要厘清自己与载体的关系，给予载体政策、资金、人才等方面的支持，加强载体、市场、政府的良性互动，充分激发创新载体的积极性、主动性、持续性。政府主要扮演引导者、服务者、督察者角色，保证载体运行规范有序。深圳市政府颁布的《深圳市科学和技术发展"十一五"规划》《深圳科学技术发展"十二五"规划》和《深圳市科技创新"十三五"规划》等发展规划，都对创新载体建设确定了指导原则，并配套制定了《深圳市促进重大科研基础设施和大型科学仪器共享管理暂行办法实施细则》《深圳市科技企业孵化器用地用房操作办法》《关于促进科技创新的若干措施》等政策法规，以实际行动积极扮演创新载体的引导者、服务者、督察者角色。

（一）政府是创新载体的引导者

深圳对符合城市经济发展战略的新兴弱势载体，扮演载体的孵化器，提供人才与政策支持；对立项时间长且具有一定生存能力的载体，引导载体向省级、国家级升级；对具有重大战略意义的载体，扮演载体的引导者，将其打造成国内外标杆创新载体。

对企业创新载体，政府引导企业加大对研发机构的投入，逐步建立多层次、多形式、多渠道的研发资金投入体系，切实增强企业建设研发机构、开展技术创新的积极性，让载体在研发机构建设过程中真正受益。

高校及科研院所是人才的聚集地，同时也是一座城市智力的输出地。对高校及科研院所创新载体，政府在学科设置方面提供引导，在人才引进方面提供支持，在产学研结合方面提供配套设施。

（二）政府是创新载体的服务者

1. 联络作用

政府与高校、科研院所、中介机构、金融机构、上级政府相关部门等机构联系，推动各机构与相关载体之间的交流，争取更多支持和帮助。例如，南山区政府联合深圳证券交易所率先开展创新企业股权融资服务，为

创新载体提供外部资金支持。

2. 投资作用

资金一向是制约各类创新载体健康发展的瓶颈，对于处于幼儿期的创新载体尤甚。深圳市政府主动扮演资金供给者的角色，资助创新载体场所、研究与开发仪器设备购买、工作人员费用等基础资金的投入，并根据《深圳市促进重大科研基础设施和大型科学仪器共享管理暂行办法》制定大型科学仪器共享共用等政策，充分利用已有的科学仪器，减少资金及资源浪费。

3. 环境营造作用

深圳市政府通过制定倾向性的政策，如提供良好的工作和生活条件，营造创新氛围，建设综合创新生态体。第一，举办创新创业大赛，点燃"双创"激情。深圳创新载体主管部门深圳市科技创新委员会联合各区政府、各民间机构适时举办创新创业大赛，如主办前海深港青年创新创业大赛、创新南山"创业之星"大赛。深圳创新载体积极参与、摩拳擦掌、同台路演、同台竞争，一方面可获得外部资本的支持，另一方面可将科技成果投入实际生产，服务于社会。第二，打造优良的创新孵化环境，优化创新创业环境，鼓励社会多元主体参与孵化器建设和管理，形成由创业苗圃、专业孵化器、企业加速器、专业技术园、企业总部基地组成的多层次产业培育空间链条，创新全过程、全要素的孵化培育生态链。第三，打造众创空间集聚区，积极引进国际创新机构，设立海外创新中心，成立国际创客学院，开办国际创新驿站，推进深港青年创新创业基地、国际创客中心等创新载体建设，与国际创新人才引进相结合，建设新型的创新教育、科研实践、创新交流和创业孵化基地。

（三）政府是创新载体的督察者

深圳市政府建立了创新载体监测评估机制和统计制度，对创新载体资助实施绩效评估。建立创新载体年报制度，以掌握科技基础设施建设情况，督促各创新载体加强自身管理，并为相关政策制定及时提供依据。

二 强化企业创新载体建设，激活科技创新活力

（一）坚持企业为主体的创新载体建设模式

深圳在国内率先引导企业建设自己的创新载体，鼓励企业建设重点实

验室、工程实验室、工程（技术）研究中心、企业技术中心等创新载体。1996年，华为技术有限公司技术中心、中兴通讯股份有限公司技术中心、深圳华强集团有限公司技术中心成立。

企业已经成为深圳创新载体建设的主体。深圳市科技管理部门主动在企业布局创新载体累计近1000个，占全市创新载体总数70%以上。深圳市科技创新"十三五"规划再次明确发挥以企业为主体的技术创新优势，加强原始创新、集成创新和引进消化吸收再创新，重视颠覆性技术创新。在创新载体建设方面，企业发挥主力军作用，逐步形成以市场为导向、企业主导、产带学研的协同创新机制，各企业类载体创新成果不断涌现，积极抢占市场制高点。

（二）企业优先布局工程技术类创新载体

工程技术类创新载体是企业抢占市场制高点的动力源泉。工程技术中心依托研发实力较强的骨干企业设立，以技术研发和产品创新为主要任务，以形成具有自主知识产权的新产品和新技术为目标，通过核心技术研发应用及科技成果转化创新，提高企业自主创新能力，助力企业的发展。金蝶软件（中国）有限公司的国家企业互联网服务支撑软件工程技术研究中心、研祥智能科技股份有限公司的国家特种计算机工程技术研究中心、中兴技术有限公司的国家宽带无线接入网工程技术研究中心、华为技术有限公司的国家宽带移动通信核心网工程技术研究中心等国家级工程技术类创新载体，已经成为企业抢占市场制高点的动力源泉。

工程技术类创新载体源于企业且聚集于企业。在深圳，第一家工程技术中心源于企业，第一家国家级工程技术类创新载体同样源于企业；在深圳，始终秉承企业技术创新主体，各类工程技术类研究中心优先在具备条件的行业骨干企业布局；在深圳，90%以上的工程技术类创新载体聚集在企业，90%以上的国家级创新载体同样聚集在企业，90%以上的职务发明专利产生在企业。

三 引进大院名校资源，共建科技创新载体

高等院校是人才培养的基地、创新载体的聚集地，加强高等教育及创新载体的建设有利于支撑深圳科技创新的进步。加强大院名校创新载体建

设，实现深圳高等教育跨越式发展，有利于填补深圳高层次人才培养的不足，提升深圳科技创新发展的能力与水平，提高经济质量、人口素质和文化品位，有利于深圳经济健康快速发展。

（一）异地共建高校模式

深圳积极推进国内外知名高校在深圳建设校区。引进国内外名牌大学、实力强劲的科研院所，共同建设科技创新载体，有利于团队式引进高科技人才，捆绑式引进优质项目，提升产学研合作层次，推动名校、名院、名所的发展，增强深圳市科技创新能力，促进产业结构优化与升级。清华大学深圳研究生院、北京大学深圳研究生院、哈尔滨工业大学（深圳）组成的深圳大学城是深圳政府联合著名大学共同创办、以培养全日制研究生为主的研究生院群。此外，还共建了香港中文大学（深圳）、中山大学（深圳）和深圳北理莫斯科大学等高校。

1. 强强联合，布局高端

深圳大学城依托各顶尖名校的优质教学资源、科研资源、先进的办学经验，结合深圳特区经济发展需求及粤港澳大湾区产业结构的特点及地理优势，按照深圳市政府"为我所需、各取所优，允许交叉、避免雷同，立足现实、面向未来"的原则，在深圳市政府确定优先发展的学科基础之上，打破传统的专业划分，引进各名校优势和强势学科，注重国际先进学科的发展建设，以当地产业需求为出发点，进行交叉学科建设、复合人才培养及高端科技创新载体布局。[①] 例如清华大学深圳研究生院生命与健康学部的生化国家重点实验室、个性化抗肿瘤创新药物国家地方联合工程实验室。

2. 创新机制，校企联姻

校企之间通过合作推动创新载体科研成果的商业化、产业化，主要采取咨询服务、委托课题、合作研究、技术转让、合作生产等模式展开合作。载体依靠已掌握的应用技术为企业开展信息化工程提供咨询、项目实施、监理和设备改造升级等服务，或与企业、行业合作申报并共同协作完

---

① 王艳：《创新合作模式 促进和谐发展——深圳大学城产学研合作实践探索与创新发展》，《中国高校科技》2018年第11期。

成特定课题或技术攻关，创造出优秀的科研成果，实现产品商业化、产业化，进而提高研究生院的研发水平和能力，从而带动产学研合作水平的整体提升。①

（二）虚拟大学园模式

深圳虚拟大学园作为深圳在大力发展高新技术产业背景下而探索实施的一大创举，有效突破了地域限制，将异地科教智力资源与深圳体制机制优势和市场需求相结合，在大学资源集聚、高层次人才培养、科技成果转化、科技企业孵化等方面取得了辉煌的成就。虚拟大学园将中国高校的创新要素在深圳进行了"新的组合"，创新生态发生了本质改变，催生出了不同的发展模式和创新路径。②

四 探索载体建设新模式，提升科技创新效率

（一）民办官助新模式

深圳布局源头创新没有沿用传统的"成果转化"制度设计，而是采用了以社会主体为主导、"民办官助"的方式，利用"民办非企"的公益性组织作为源头创新的组织实施主体，选择若干战略性新兴产业进行针对性的布局，很快形成了一批在国内外产生重大影响的新型科研机构，并由此催生了一批以前只有在硅谷才能看到的新业态。以源头创新为使命的民办科研机构，形成深圳创新的新势力。在短短几年时间内，深圳民办科研机构就显示出惊人的能量，华大基因已成为全球最大的基因研发机构之一，深圳基因库被誉为生命时代的"诺亚方舟"。③

1. 管理模式创新

在中国，创新的成功不仅仅是技术的胜利，消除阻碍创新的制度要素比起技术实现本身要重要得多，深圳的成功在于制度创新的优势。在源头创新领域，深圳再一次印证了这个道理。民办科研机构在深圳出现不到十年，机制上的优势已经发挥得淋漓尽致。在组织架构上，光启研究院采取

---

① 王艳：《创新合作模式 促进和谐发展——深圳大学城产学研合作实践探索与创新发展》，《中国高校科技》2018 年第 11 期。
② 刘宇濛等：《深圳虚拟大学园创新生态系统初探》，《特区经济》2016 年第 6 期。
③ 李喜梅：《关于科技金融内涵的几点思考》，《湖南商学院学报》2014 年第 21 期。

理事会领导下的院长负责制，理事会成员均由政府、产业界以及研究院代表等社会精英组成。在人才引进及管理模式上，光启研究院采用国际上主流科研机构的终身制来激励青年科学家进行科技开发和学术研究工作，招聘的科学家每2年进行一次评估，6年内进行3次遴选，学术委员会定期对其学术成果、学术影响力、科技项目成果进行客观公正的综合评估，合格者可逐步由初级科学家晋升为终身科学家，不合格者将被降级或辞退，民办科研"养事不养人"。同时，光启研究院逐步扩充一支非终身制职位的研究员队伍，对于具有突出才能的研究员，通过破格提拔机制，予以晋升科学家的机会。

2. 尊重科研及市场规律

民办科研机构自主经营，不看政府脸色，科研规划尊重市场规律和科研规律；员工全员聘用，优胜劣汰，不沉淀庸员；生存之道在于把产品做出来，然后将产品卖出去，不搞以论文为导向的形式主义。正因为如此，民办科研机构在创新源头方面具有较高的积极性及产出效率。华大、光启在短短几年做出的成果是传统科研机构花数倍的时间和投入也无法做到的。传统科研机构即便在技术创新上做出了杰出的成果，在转化环节也会面临国有资产陷阱，两种不同所有制主体在观念、机制方面的冲突，使产业化过程充满不确定性。民办科研机构则完全规避了这一制度障碍，研究机构和产业化公司可实现无缝高效链接，金融杠杆甚至在科研环节就能够顺利介入。光启临近空间业务的发展就是借助资本市场解决源头创新高强度、高效率投入的典型例子，这在过去是难以发生的。①

3. 公益投入与竞争性收入并存

深圳市政府对华大基因、光启研究院采取"养事不养人"的支持方式，竞争性申报课题，能者多劳。华大和光启是深圳市政府近年重点支持的民办科研机构，投入力度大，支持的金额高，而且是在较短的时间内集中投入。有别于传统科研机构主要由政府供养的模式，民办科研机构经过一段时间孵化后，其市场回报将成为科研投入的主要来源。这种投入在深

---

① 周路明：《深圳民办科研机构探路"源头创新"动力机制》，《21世纪经济报道》2015年3月2日。

圳政府内部也出现过很多议论,但从目前的最终结果看:这是一个高效的投入产出模式,因此深圳的做法可能是中国特色源头创新组织方式的雏形。深圳民办源头创新机构的崛起,注定将成为中国创新史上具有里程碑意义的重大事件。随着民办源头创新机构成为创新型国家制度设计的一部分,中国自主创新的格局将被重塑,经济发展将进入双引擎驱动的新阶段。①

(二)"四不像"新型创新载体建设模式

1. 载体集成化

深圳采取量身定制的政策措施,打破常规、创新机制,培育发展了多家集基础研究、应用研究和产业化于一体的新型创新载体航母。如深圳清华大学研究院、中国科学院深圳先进技术研究院等集研发平台、人才培养、投资孵化、科技金融、创新基地、国际合作六大功能于一体,形成了产学研深度融合的科技创新体系。这种兼顾了大学、研究机构、企业、事业单位的有利条件的"四不像"新型创新载体的模式,为中国高等院校服务经济发展探索出了一条新路。

2. 载体市场化

深圳清华大学研究院目前有 2 个研究所、8 个实验室,这些实验室和研究中心依托清华大学强大的科研后盾,自创建以来投入孵化企业的高科技产品研发中,推进了一大批科技成果的产业化。研究人员都是专职做实验。相比其他高校或地区的实验室,深圳清华大学研究院的 8 个实验室靠政府和学校的投入少得多,但却发挥了良性循环作用,主要是由于实验室的项目不是凭个人兴趣产生的,也不是从国内外杂志缝中寻找的,而主要是以企业和市场为导向。这种做法的好处之一在于针对企业和市场研发的项目可以迅速转变成产品,投入市场,并取得回报;好处之二在于从应用研究中提炼理论问题,也使理论研究成为有源之水,有本之木,不但培养了很多研究生,还获得了国家发明奖。研究院的技术人员同时具有很强的发现识别能力和转化能力。深圳清华大学研究院的

---

① 周路明:《深圳民办科研机构探路"源头创新"动力机制》,《21 世纪经济报道》2015 年 3 月 2 日。

技术人员知道产业需要什么，贴近产业、贴近市场，还具备战术的实现能力。这一方面是技术创新平台自己发挥的良性循环作用，另一方面它后面还有一个更大的后台，形成了自己的科研网络。这个平台看起来不大，但是它的放大功能却很大，形成一个很强的盈利模式。研究院走的不是一般科研院所从国家争取课题与经费进行基础性研究的路子，而是面向市场，为企业服务，主要从事应用性技术、科研开发和成果转化研究；和企业的目标不一样——研究院在创造经济效益的同时，同样注重提高社会效益。[1]

3. 资金来源多元化

深圳清华大学研究院同时具有企业孵化功能，设立的深圳清华科技开发有限公司就是为了实现对企业直接投资。一些科技企业从深圳清华研究院"长大"后，入驻由深圳清华大学研究院投资建立的清华信息港，相比研究院，信息港还可以进行生产。在对孵化企业的投资中，研究院有一套严格的评估标准，严格按照程序要求操作。比如，在投资项目的选择上，要求项目负责人入股，把自己的利益与项目挂钩；规定研究院投资的金额不能超过一定额度，目的是一方面不使其成为研究院的包袱，另一方面保证该公司的运营自由。[2]

新模式下的研发机构建设，深圳在重大原创性技术、新兴技术产业化、高端创新要素集聚、创新支撑体系建设等方面，取得了引人注目的成绩。

五　布局前沿科技领域，加强国际科技合作

（一）积极布局前沿科技领域

深圳主动适应和引领经济发展新常态，加快建设有国际影响力的科技产业创新中心和更高水平的国家自主创新示范区，创新载体合理布局，引导未来科技创新领域，抢占制高点。目前，深圳市创新载体不仅积极布局于生物、互联网、新能源、新材料、文化创意、新一代信息技术、节能环保七大战略性新兴领域，还布局于生命健康、海洋经济、航空航天以及机

---

[1] 吴丽娟：《深圳清华研究院的"四不像"之路》，《深圳特区科技》2005年第2期。
[2] 同上。

器人、可穿戴设备和智能装备四大未来产业领域。

(二) 本土企业"走出去"建设创新载体

《深圳市科技创新"十三五"规划》计划打造十大海外创新中心，着眼全球加大开放创新布局力度，打造国际协同创新平台，集聚全球创新能量。深圳本土的华为技术有限公司为此在国外已经建立了多个研究所，遍布美、英、德、法、俄等国家。早在1999年，华为技术有限公司在俄罗斯设立了数学研究所，从而吸引俄罗斯顶尖的数理科学家参与华为的基础研究工作；进入21世纪，华为又进一步加大海外分支机构的设立，吸引世界上更多的优秀人才加盟华为，如设置在德国慕尼黑的研究所目前已拥有几百名专家，研发团队本地化率近80%；华为为满足中东和北非地区业务需求设立迪拜研究中心；为进一步扩大欧洲市场在法国新设立的数学研究中心，通过与当地研究机构的紧密合作，可以挖掘法国的基础数学资源，为华为在5G通信领域的基础算法研究打下扎实的基础。深圳本土企业在海外设立创新载体，可充分利用海外优势资源，弥补企业本身的不足。

(三) "引进来"建设国际化创新载体

1. 引入海内外知名院校，高标准国际化办学

深圳联合海内外知名院校驻深办学，建设一批研究型大学和专业化、开放式、国际化特色学院。目前，深圳北理莫斯科大学、香港中文大学（深圳）和清华伯克利深圳学院已经建校招生，吉大昆士兰大学等启动建设，深圳墨尔本生命健康工程学院、国际科技太空学院等特色学院建设加速推进。国际化办学有利于创新载体国际化建设，加快培养国际化创新型高层次人才，促进深圳经济健康持续发展。

2. 牵手海外名人名企业，共建国际化研究中心

《深圳市科技创新"十三五"规划》规划十大诺贝尔奖科学家实验室，充分发挥顶尖科学家龙头聚集和创新引领作用。南方科技大学与诺贝尔化学奖得主、美国加州理工学院化学系教授罗伯特·格拉布斯合作，成立了深圳市格拉布斯研究院，致力于新医药、新材料和新能源领域研究。深圳市政府牵手苹果、微软、高通等全球知名科技企业在深设立研发机构。

第三节 深圳创新载体建设未来展望

一 高等教育跨越式发展，多所高校入选"双一流"

（一）推动多所高校入选"双一流"

尽管引进的多所驻深办学的国内著名高校入选了"双一流"建设，如哈尔滨工业大学（深圳）、清华大学深圳研究生院、北京大学深圳研究生院，但深圳本土院校在第一批均未入选，深圳大学、南方科技大学凭借得天独厚的地理优势、人才优势、财政优势等，在未来的"双一流"高校遴选中应有一席之地。

（二）高校类国家级载体数量大大增加

深圳大学、南方科技大学要向"双一流"奋进，必须建设更多的国家级重点实验室、国家级工程中心、国家级公共技术服务平台等与之相匹配，为高水平、高素质、高专业技能的人才培养提供优质的平台。哈尔滨工业大学（深圳）作为哈尔滨工业大学的一个重要校区，深圳市的一所大学，哈工大本科生、研究生的培养基地，凭借哈工大强大的师资后盾、平台优势及深圳的财政支持，未来将建设数量可观的高水平国家级载体。香港中文大学（深圳）是深圳市与香港中文大学创办的深港合作型大学，希望移植香港中文大学的成功办学模式，包括优秀的办学理念、成熟的管理机制和严格的学术体系，同时有望为中国培养一批有国际视野和社会担当的新一代创新型专业人才。凭借香港中文大学雄厚的科研实力、优良的口碑等，将在深圳校区诞生多家国家级重点实验室、国家级工程实验室等。深圳北理莫斯科大学的建立，是近年来中俄文化交流标志性成果，也是为"一带一路"发展提供人才储备的具体措施，同时也将以"一带一路"为契机布局重点实验室、工程技术中心等创新载体。中山大学（深圳）将重点发展医科和工科两门学科，在医科上除了科学研究外，深圳市政府和中山大学还将合作在深建设三所高水平的附属医院，未来同样有望产生多个国家级创新载体。

二 拓展升级双创空间，释放全民创新创业活力

（一）双创实践空间拓展

（1）龙头骨干企业建设众创空间。围绕主营业务方向，优化配置技术、装备、资本、市场等创新资源，实现与创新型中小微企业、高等院校、科研机构和各类创客群体有机结合，形成规模。（2）高等院校、科研机构建设众创空间。以优势专业领域，以科技人员为核心，以成果转移转化为主要内容，提供有效源头技术供给。（3）行业组织在重点产业领域建设众创空间。围绕深圳市新兴产业需求和行业共性技术难点，发展低成本、全方位、专业化、开放式的众创空间。

（二）双创空间数量增多

海峡两岸创客创业基地、罗湖创客空间、深圳北站创客空间等双创空间如雨后春笋般涌现，从 2015 年开始，全市每年新增约 50 个创客空间，到 2017 年底，全市创客空间数量达到约 200 个。未来，还会涌现出更多具有深圳文化、深圳精神、深圳特色的双创空间。

（三）双创空间合作多元化

目前深圳引进美国麻省理工学院比特与原子中心发起的微观装配实验室（Fab Lab）落户深圳，构建国际标准的软硬件体系，为创客空间的发展提供参照坐标，预计未来更多的国际化众创空间将落户深圳。

（四）形成创客活动深圳品牌

举办创客高峰论坛，邀请知名创客，围绕全球创新发展热点进行专题研讨，以创客精神、创客思维为城市发展增添活力；依托深港青年梦工场设立青年众创空间，举办深港（国际）创客项目路演暨融资对接会、深港飞手训练营等系列活动，强化深港两地青年创客的交流合作；举办宝安"背包客"创客空间主站与港台"背包客"空间站的对接活动，现场展示DIY 装车、家庭农场等多项创客工作坊活动。"双创"活动在深圳这座包容万象、海纳百川的城市，未来可能会形成一种新的深圳创新创业文化，即深圳"双创"潮流、深圳"双创"模式。

三 载体建设模式多元化，源头创新能力显著提升

（一）多领域布局重大科技基础设施

在网络空间科学与技术、生命科学与健康等领域建设国家实验室，推进未来网络实验设施、国家超级计算深圳中心（二期）和深圳国家基因库（二期）建设，引进建设空间环境地面模拟拓展装置、空间引力波探测地面模拟装置和多模态跨尺度生物医学成像设施，规划布局脑解析与脑模拟设施、人造生命审计合成测试设施等基础设施。

（二）多领域布局基础研究机构

重点在数学、医学、脑科学、新材料、数字生命、数字货币、量子科学、海洋科学、环境科学、清洁能源等领域谋划建设10个基础研究机构，开展前沿科学探索、关键技术研发、高端人才培养等，强化创新的基础支撑。

（三）多领域布局诺贝尔奖科学家实验室

发挥诺贝尔奖科学家的引领带动作用，在化学、医学、光电等领域，规划建设10个由诺贝尔奖获得者领衔的实验室。2017年两家诺奖科学实验室先后落地深圳，未来多家诺贝尔奖科学家实验室稳步推进中。

四 打造高水平创新载体，积极布局未来科技领域

（一）打造高水平创新载体

高水平创新载体是科技创新体系的重要组成部分，是组织高水平研究、聚集和培养优秀科技人才、开展高水平学术交流、科研装备先进的重要基地。深圳市未来国家级创新载体数量及比例将进一步提高，一系列与深圳经济发展相匹配的高水平创新载体将先后落地。

（二）布局未来科技领域

根据《深圳市科技创新"十三五"规划》，深圳科技创新坚持"立足当前、着眼长远，需求牵引、重点跨越"的原则，积极布局5G移动通信、航空航天、机器人与智能设备、新能源汽车、金融科技等前沿专业领域，掌握一批引领科技潮流的核心共性关键技术，保持及提升城市的核心竞争力。预计未来深圳将在航空航天、机器人与智能设备、金融科技等专业领域布局更多的、相匹配的创新载体。

第五章　深圳科技金融：从"复制"到"突破"

科学技术是第一生产力，金融是现代经济的核心，科技创新和金融创新紧密结合是人类社会变革生产和生活方式的引擎。① 人类社会每一次大的产业革命，都是源于科技创新，成于金融创新，两者相互促进、相辅相成。②③

深圳建市以来就很重视科技与金融的融合发展，早期主要是复制国外科技金融的先进经验。后期，深圳把握住国内外政治经济形势变化带来的机遇和挑战，历经数次产业和经济模式升级，高新技术产业与金融业已成为深圳的两大支柱产业，使得深圳在客观具备了科技与金融有效结合的极佳条件，加上勇于创新、积极探索，不断突破科技与金融结合的瓶颈，已建立包括银行信贷、证券市场、创业投资、保险资金和政府创投引导基金等覆盖创新全链条的多元化科技投融资体系，逐渐走出了一条具有深圳特色的科技金融发展之路，科技金融已成为深圳创新生态体系的核心族群。④

"十二五"期间，深圳全面深入实施国家创新型城市总体规划，着力打造综合的创新生态体系。⑤ 一流的科技金融生态是综合创新生态体系中

---

① 赵昌文等：《科技金融》，科学出版社2009年版。
② 房汉廷：《关于科技金融理论、实践与政策的思考》，《中国科技论坛》2010年第11期。
③ 胡援成等：《科技金融的运行机制及金融创新探讨》，《科技进步与对策》2012年第23期。
④ 袁永等：《深圳市促进科技金融发展的经验做法及启示》，《广东科技》2015年第24期。
⑤ 段勇兵：《为科技创新插上金融翅膀——深圳金融支持科技创新作法对我省的借鉴》，《今日海南研究》2017年第1期。

的重要子生态，完善的科技金融体系可以为深圳发展高新技术产业提供贯穿整个生命周期的创新性、高效性的金融资源，科技和金融两者的深度融合有力地推动高新技术产业链加速发展，从而有效带动城市产业结构优化，构建了充满活力的科技创新生态体系。

第一节　深圳科技金融在学习中成长并在探索中成就

从全国范围来看，深圳市是科技金融工作起步最早的一批城市之一，长期积淀为科技金融发展奠定了较好的基础。近年来，深圳把促进科技和金融融合作为深化科技创新体制改革、提升开放式多样性强竞争的综合科技创新生态体系质量的重要抓手，大胆先行，在政府财政撬动社会资本、科技金融政策法规制定、鼓励创新科技金融产品服务等方面取得了大量成果。

一　三阶段从无到有打造一流科技金融生态

依据深圳科技金融行业发展历程，我们将深圳科技金融发展过程大致分为三个阶段。

（一）第一阶段：高新区建设孕育科技金融早期萌芽

1993年，深圳市科技局在《深圳特区科技》发表题为"科技金融携手合作扶持高新技术企业"的文章，意在通过科技和金融的融合来推动当地高新技术发展，这是"科技金融"一词在我国的首次出现，也标志着深圳科技金融的开端。"科技金融"的出现与当时深圳经济从以劳动密集型产业为主转型至以高新技术产业为主是分不开的。科技金融属于科技创新服务产业，其成长必然根植于高新技术行业的发展，两者相互促进，相辅相成。1995年，深圳市委、市政府发布《关于推动科学技术进步的决定》，明确"以高新技术产业为先导"的战略构想，在充满怀疑忧虑的眼光中，深圳义无反顾地走上发展高新技术产业的道路。其中，《关于推动科学技术进步的决定》第26条：建立科技与企业金融相结合的机制，利用银行的信贷资金支持高新技术产业的发展，为深圳市政府制定的首条科技金融方面的政策举措，助推了科技金融的早期发展。

1996年9月，深圳高新区在南山区开始建设，它是国家"建设世界一流高科技园区"的六家试点园区之一，是"国家知识产权试点园区"和"国家高新技术产业标准化示范区"。高新区成立后，依托对企业在土地使用、税收、服务等一系列优惠和对高新产业的扶持政策、良好的创新氛围，吸引了一大批处于发展期的高新企业入驻，对创投等融资需求迅速上升。1997年，深圳引入北美VC管理制度，开始着手创建深圳创业风险投资体系，本土创投行业进入"井喷"发展阶段。根据中国风险投资研究院（香港）的统计，截至2000年，深圳的创业投资资本总规模达100多亿元，已投资的项目超过200个，专业创投公司及有关机构122家，其中创业投资公司43家，创业投资管理公司36家，创业投资中介机构23家以及境外机构12家，资本规模和机构数量远超上海和北京同期水平。

创投机构对优质创业资源投资意向强烈，通过高新区提供的交易服务平台达成多项投资意向，较有代表性的案例有：高新投对大族激光的投资及IDG、盈科数码共同投资腾讯220万美元，众多成功案例为深圳创业投资体系早期发展奠定坚实基础，深圳科技金融便在科技与金融的"碰撞"下孕育出早期的雏形。从历史发展观察，高新技术产业园区为早期科技企业发展创造了良好条件，同时为技术发展、成果转化提供了优质平台，园内科技企业的融资模式和渠道为早期的科技金融奠定了基础。

（二）第二阶段：根植高新技术产业在摸索中发展壮大

随着我国于2001年加入国际世贸组织（WTO），深圳依托高新技术产业和进出口贸易行业优势，经济进入快速发展期，科技金融作为科技创新生态体系内的服务产业，在缺乏国内外成熟模式参考的情况下，进入摸索发展阶段。

深圳政府高度重视科技金融行业的培养和规范，努力通过政策法规引导社会资本支持科技创新发展。2004年1月，深圳市政府出台《关于完善区域创新体系推动高新技术产业持续快速发展的决定》，为深圳市高新技术产业的持续发展提供了有力的支持和保证，其中关于科技金融的条款数项，内容涵盖完善科技金融中介机构、鼓励创业风险投资、培育技术产权转让平台等。随着深圳证券交易所中小企业板的设立，深圳正式启动了中小企业上市培育工程，并安排专项资金用来支持中小企业和民营经济的发展。

2004年7月，深圳市政府出台《加强发展资本市场工作的七条意见》，内容涉及资本市场创新机制、深交所中小企业板、提高深圳上市公司质量、券商股票质押贷款和同业拆借业务、基金管理公司业务创新试点及执行QDII制度、深港资本市场合作与交流等。"深七条"的出台，有利于促进上市公司、中介机构及社会投资者三者的良性互动，将深圳建设成为中小企业的成长基地、风险投资的乐土、资本市场的中介机构和机构投资者的聚集中心，深圳科技金融多层次资本市场开始形成。

2008年，美国次贷危机带来的全球经济动荡，使得以出口型产业为主的深圳经济遭遇极大的下滑风险，当年度深圳市风险投资行业规模和投资项目数量大幅萎缩，企业科技创新活动的积极性和资金投入降幅明显。为保证高新产业发展势头，深圳市政府迎难而上，充分发挥政府引导带头作用，成立了总金额达30亿的政府创业投资引导母基金，并通过提高政府财政资金支持企业科技创新活动、给予高新技术企业多方面政策优惠等措施，在民间机构和个人风险投资表现出风险厌恶、规模萎缩的形势下，成为抵御经济动荡、保护高新技术产业发展的中流砥柱，使得深圳高新技术产业平安渡过经济危机，为后续高速发展提供了保证。

根据《2011深圳金融发展报告》，截至2011年，深圳的创业投资资本总规模达2500多亿元，专业创投公司及有关机构2000家，资本规模和机构数量与2000年相比分别增长了近25倍和20倍，深圳成为国内创业投资最为活跃的区域。深圳科技金融行业在经历12年左右的摸索发展期，成功建立了机构和服务平台完善、规模庞大、产品丰富、多层次市场架构的市场体系，极大促进了深圳科技创新发展。

（三）第三阶段：依托政策东风打造一流科技金融生态

2011年底，科技部等五部委印发了《关于确定首批开展促进科技和金融结合试点地区的通知》，包括深圳市在内的16个地区作为首批促进科技和金融结合试点地区，深圳科技金融进入高速发展期。2012年4月，深圳出台了《深圳市关于改善金融服务支持实体经济发展的若干意见》，着重解决实体产业企业融资难、融资贵的问题，创新科技研发资金的管理方法，进一步发挥金融对实体经济的支持和服务作用，在国内引起强烈反响。同年11月，深圳市出台了《关于努力建设国家自主创新示范区实现创新驱动发展的决定》，旨在促进科技和金融结合，建立科技资源与金融资源有效对接机制，并配套制定了《深圳市促进科技和金融结合试点工作三年行动计划》及《关于促进科技和金融结合的若干措施》等33条加强自主创新的政策措施。

2014年6月，深圳成为首个获批国家自主创新示范区的单列市，随后制定了《深圳经济特区科技创新促进条例》，其中明确提升科技金融创新服务业规模和质量的目标要求。2015年6月出台《关于印发促进创客发展若干措施（试行）》，从创客载体、服务、人才和项目等层次对创客活动予以支持。深圳科技创新委员会也出台了《深圳市科技研发资金投入方式改革方案》《深圳市科技创新券实施办法（试行）》等规范性文件，进一步推进科技和金融结合，促进科技金融在构建完善的创新生态体系上发挥重要作用。截至2016年底，深圳已出台科技金融相关政策文件近百件，政策的数量、涉及内容丰富度均位居全国前列。随着这一系列科技新政的实施推进，深圳创新研发资金投入方式、促进科技和金融深度融合的步伐进一步加快，逐步构建了覆盖创新全链条的一流科技金融生态体系。

二 高效的科技金融体系助推科技创新产业发展

经过多年发展，深圳已建立包括银行信贷、证券市场、创业投资、保险资金和政府创投引导基金等覆盖创新全链条的多元化科技投融资体系，为科技创新产业在全生命发展周期提供全面高效的金融资源，全力助推深圳科技创新产业发展。

（一）科技信贷规模不断扩大，有力改善科技企业间接融资难题

近年来，深圳信贷市场积极发展中小型科技企业融资服务，深圳市政府各部门针对深圳自身发展需求出台多项相关政策，合理引导和强制措施并举，要求辖区内金融机构加强对科技型企业融资服务，切实推进金融促进实体经济发展的战略，通过鼓励科技项目贷款、成立科技支行、组建信

贷资金池等方式加大了对科技型中小企业的信贷力度。截至2016年底，银政企合作项目累计入库917项，政府对入库项目给予5000多万元贴息支持，300多个入库项目获得合作银行40多亿元贷款。

深圳科技创新委员会与中国建设银行成立Z2Z科技银行联盟，旨在为国家高新技术企业提供从融资到融智的一体化综合金融服务；浦发银行深圳分行与深圳市科创委、龙岗科技局等政府部门合作，建立政府资源、科技资源与金融资源对接机制，为科技企业提供财政贴息融资服务，降低了企业融资成本。

近年来，中国银行深圳市分行、建设银行深圳市分行、招商银行深圳分行、平安银行深圳分行、光大银行深圳分行、民生银行深圳分行、江苏银行深圳分行和邮政储蓄银行深圳分行等8家银行与深圳市国税局合作推出"互联网+税银合作"综合服务，实现税银信息平台自动化、平台化数据对接，充分利用企业纳税信息为小微企业提供信用融资支持。

各银行等金融机构积极响应政府引导，通过设置专营机构、开发适合中小型科技企业融资需求的产品、改进审贷流程等措施，深圳科技企业信贷款余额逐年上升，在很大程度上改善了中小型科技企业的融资难问题。根据《2016年深圳银行业创新报告》显示，截至2016年末，深圳银行业小微企业贷款余额6468.75亿元，同比增长31.08%，较各项贷款增速高出5.27%，占当年全部贷款余额的比重为13%，较2011年末深圳小微贷款余额1719亿元上升了3倍。其中，科技型企业贷款余额3151.51亿元，比年初增长31.73%，高出同期贷款平均增速5.91个百分点，占当年小微贷款余额的比重为48%。

（二）创业风险投资规模稳居全国第一，优质科技企业不再"愁嫁"

深圳地区是全国本土创投最活跃的地区，VC/PE机构接近5万家，拥有创投机构数量占到全国的三分之一，前20强有一半来自深圳的创投企业，使得深圳成为全国管理本土投资资本总额最多、创新动力最充足的地区。据《深圳金融发展报告》统计，截至2016年底，深圳活跃的创投机构（包括股权投资、创业投资、大型企业创投部门或机构、券商直投、母基金等）大约有5200家，管理资产规模达1.5万亿元。累计管理基金2182只，投资项目7200多个，累计投资总额3000多亿元，其中40%投资深圳地区。创业板上市公司中，有深圳创投背景的企业占1/3以上。深圳创投机构迅猛发展，得益于深圳创业投资引导基金的支持，全国排名前50名的深圳本土创投机构都获得资金帮扶。

深圳创业风险投资有偏好科技创新项目的特点，截至2016年，深圳市创业投资同业公会旗下深圳主流创投机构累计投资的高新技术项目为1052个，占44.67%。2011—2017年，每年新投项目中高新技术投资项目比例均能保持在40%以上，最高达到67%。由此可见，深圳创业投资机构多年来培育和扶持高新技术企业发展，为深圳市的科技创新发展做出巨大贡献。

深圳创业风险投资项目涵盖网络、IT服务业、生物科技、医药保健、IT、新能源、高效节能环保技术等20多个细分行业，投资行业类型丰富。其中，机构热烈追捧科技创新密集行业，网络产业、IT与IT服务业、生物医药项目三大行业占创业投资项目总比例高达40%，制造业（含智能装备）、新能源与节能环保、计算机软件和硬件、新材料等战略新兴行业也是投资的热点行业。由此可见，深圳创投基金在不同的行业和领域都有布局，投资组合更为丰富。

（三）科技金融服务平台持续完善，打造全方位服务体系

近年来，深圳市政府重视科技金融服务平台的搭建，有效构建了科技金融服务体系。2012年6月，深圳科技金融服务中心挂牌成立，旨在进一步发挥深圳市资源优势和成功经验，为科技金融创新探索新道路。发展中的深圳市科技金融服务中心目前已形成八大公共服务平台：国际科技商务平台、创业投资服务广场、社会事务平台、文化建设平台、创新总裁俱乐部、创业服务平台、知识产权服务平台、国际技术转移平台。八大公共服务平台聚集了评估、会计、律师事务所及担保、保险、信用、专利服务等专业机构，持续运作，形成合力，成为深圳高新区服务中心提供综合性公共服务的重要支撑，同时为深圳高新区服务中心承担深圳市科技金融服务中心的职责与任务打下了坚实的基础。其中，八大公共服务平台之一的创业投资服务广场，已成为科技金融结合的范例。创投广场先后入驻机构总计达130多家，包括VC&PE、银行、券商、产权交易、担保、法律、会计等中介服务机构，其中不乏IDG资本、红杉资本等国际著名风投机构。据

不完全统计,创投广场的入驻机构和战略合作机构管理资金达到近千亿元。

为了延伸科技金融的服务触角,深圳各区均成立了科技金融服务中心,近年又分别在龙岗区大运软件小镇、宝龙高新区、中海信科技园、龙岗天安数码城、光明新区留学生创业园、高新区弈投孵化器等地设立了多个科技金融联盟工作站。这些工作站相当于科技金融体系的"毛细血管",深入贯穿至科技企业、投资机构与政府之间。

(四)科技金融产品不断创新,科技金融新业态层出不穷

深圳政府鼓励金融机构在科技金融产品和服务方面的积极创新,根据深圳科技企业发展特点,量身定做合适的产品服务,为科技企业解决融资难的问题。

科技保险及服务模式的创新是深圳保险机构在科技金融领域的重点突破方向。2013年11月,深圳市科技创新委员会、深圳市财政委员会联合发布《深圳市科技研发资金投入方式改革方案》,提出为了鼓励深圳市企业参与科技保险,有效分散、化解创新、创业风险,降低创业成本,通过实施科技保险费资助来撬动保险业资源。每年从市科技研发资金中安排1000万元,对已投保高技术保险的高新技术企业、战略新兴产业企业、软件企业给予保费资助。针对深圳高新技术企业发展需求,各集团保险量身定制科技保险创新产品约10类,包括高新技术企业财产保险(一切险)、高新技术企业财产保险(综合险)、高新技术企业关键研发设备保险等险种。据中国保监会资料显示,近年来深圳科技保险业务签单量稳定在千万左右,为高新技术企业提供了约10万亿元的风险保障,有力保障了高新技术企业的稳定经营和成长壮大。

知识产权质押融资发展是深圳构建完善科技金融体系的重要着力点之一。深圳是知识产权高地,近年来,在全国率先建立知识产权质押融资再担保体系,通过用好用活知识产权,助力企业发展壮大,使得一些刚成立的企业、轻资产公司通过知识产权质押这种创新科技金融产品解决了贷款融资的难题。2012年4月,深圳市出台了《深圳市促进知识产权质押融资若干措施》,率先在全国建立知识产权质押融资再担保体系。该措施从机制、平台、评估、放贷、担保、交易、配套服务、推进保障等八个方面推

动深圳知识产权质押融资工作，为创新型中小企业发展解决资金问题。金融机构在加大知识产权质押贷款力度方面也进行了积极努力。深圳建行以专利技术质押作为风控措施的授信方案，江苏银行深圳分行发放专利权质押贷款，北京银行深圳分行推出"智权贷"业务，在积极探索知识产权质押贷款方面都卓有成效。截至2016年底，全市共有15家银行开展了知识产权质押贷款业务，专利权质押登记金额近29亿元，占广东省质押总额的八成左右。

第二节 深圳科技金融发展中的有益探索

一 构建完善的政策法规体系，提供全方位制度保障

政府在科技金融的发展过程中有引导、服务和管理职能，其制定的政策法规对行业发展起到了基础支持作用，使得各部门能平稳有序运行。针对政策法规体系不够完善的现状，政府需要在经济发展的不同阶段制定相应政策措施，以满足不同领域、不同层次的发展需求。

"创新"是深圳一贯的核心发展理念。为发挥金融对科技创新的支持作用，多年来深圳政府牵头制定了一系列科技金融相关政策，构建了较为完善的政策法规体系，为当地科技金融发展提供了制度保障。截至2016年底，深圳已出台科技金融相关政策文件近百件，政策的数量、涉及内容丰富度均位居全国前列，有力推动政府、银行、创投、担保、保险、园区、行业协会等多方力量构筑全方位科技金融体系。

20世纪90年代中期，深圳市就已经开始部署和推动科技金融工作。2000年，深圳市颁布《深圳市创业资本投资高新技术产业暂行规定》，该规定是全国范围内最早一批科技金融方面的地区法规，旨在进一步吸引国内外创业资本投资高新技术产业，加快深圳市高新技术产业的发展。

2011年，深圳市等16个地区被确定为首批促进科技和金融结合试点地区，深圳科技金融政策制定开始进入"快车道"。2012年4月，深圳出台了《深圳市关于改善金融服务支持实体经济发展的若干意见》，着重解决实体产业企业融资难、融资贵的问题，创新科技研发资金的管理方法，强化金融先导功能，促进实体经济自主创新，进一步发挥金融对实体经济

的支持和服务作用，在国内引起强烈反响。

2012年11月，深圳市出台了《关于努力建设国家自主创新示范区实现创新驱动发展的决定》，其中着重提及了促进科技和金融结合，建立科技资源与金融资源有效对接机制。同时，配套出台了《关于促进科技和金融结合的若干措施》，旨在推进科技和金融结合融资平台建设，探索科技资源和金融资源对接新机制，从企业融资、科技金融创新和服务体系三方面出发，提出全面促进科技资源的优化配置和高效利用。该措施为深圳促进科技金融发展的纲领性政策，明确了构建深圳科技金融体系的主要方向、方法。

针对自身科技行业发展特点和需求，深圳科技金融政策制定主要方向有：第一，解决科技企业融资难问题，拓宽融资渠道；第二，科学使用财政资金，撬动社会资本促进科技创新；第三，建设多层次资本市场，发展科技企业直接融资体系；第四，促进科技金融产品服务创新。

科技企业最大的资产特点是无形资产比重大，固定资产比重小。银行传统贷款评估体系重视固定资产抵押，对无形资产估值准确度低，导致科技企业难于向银行申请取得贷款，融资渠道变窄。针对以上问题，深圳市政府在2012年4月出台《深圳促进知识产权质押融资措施》，主要包含八项内容，在一定程度上缓解了轻资产高知识密度型科技企业融资难问题。

为有步骤、有力度地推动深圳科技金融发展，深圳制定了《深圳市促进科技和金融结合试点工作三年行动计划》，并出台了《关于促进科技和金融结合的若干措施》等33条加强自主创新的政策措施。

2014年6月，深圳成为首个获批国家自主创新示范区的单列市，随后制定了《深圳经济特区科技创新促进条例》，其中明确提升科技创新服务业规模和质量的目标要求。2015年6月出台《关于印发促进创客发展若干措施（试行）》，从创客载体、服务、人才和项目等层次对创客活动予以支持。深圳科技创新委员会也出台了《深圳市科技研发资金投入方式改革方案》《深圳市科技创新券实施办法（试行）》等规范性文件，进一步推进科技和金融结合，促进科技金融在构建完善的创新生态体系上发挥重要作用。

二 自上而下创立三级管理制度，加强服务体系建设

（一）创立科技创新委员会统筹科技创新体系建设

2010年，深圳市政府依据大部制改革成立科技工贸和信息化委员会，明确该部门为中小科技企业的主管部门。2012年，深圳对该部门再次改革，重新设立了独立的科技主管部门——科技创新委员会，加挂深圳高新区管委会。深圳市科技创新委员会负责统筹协调科技发展和创新能力建设，负责推进深圳自主创新体系建设，管理国家、省科技重大专项和科技计划项目，拟定并组织实施科技发展重大布局、优先领域规划和政策，培育、扶持、服务高新技术企业，推动高新技术成果转化及应用技术的开发和推广，参与推动相关战略性新兴产业的发展，负责市高新区的建设和管理等。

（二）自上而下三级管理架构有效发挥政府引领作用

2012年3月，深圳启动科技和金融结合试点工作，成立了由金融、科技、财政、税务等10多个部门组成的科技和金融结合试点领导小组，统一领导全市的科技金融工作，领导小组办公室设置于科技创新委员会，领导小组组长由分管副市长兼任，负责统筹规划全市试点工作，建立科技、财政、金融等部门协同工作机制。为进一步发挥深圳市资源优势和成功经验，深圳成立市级科技金融服务中心，探索科技金融服务创新道路。科技金融服务中心下设综合管理部、国际合作部、社会事务部、科技金融服务部、文体服务部，深圳市创新总裁俱乐部、深圳市中小科技企业发展促进中心，深圳高新区信息网有限公司等机构。

为给科技企业与金融机构交流互动提供平台，深圳在科技创新委员会的指导支持下成立了科技金融联盟，联盟不定期地为成员举办讲座、沙龙、论坛等活动。联盟成员优先享有深圳市科技金融服务中心的创业投资服务、培训咨询服务、知识产权服务、国际技术转移服务等公共服务平台的资源。这是国内第一家科技金融联盟，现已有200多家投融资机构和科技企业会员单位，包含银行、交易所、证券、创投、担保、保险等机构，覆盖整个科技金融链条。由此，深圳建立了促进科技金融管理的三级工作架构（见图5-1）。一级是深圳促进科技和金融结合试点工作领导小组；

二级是深圳市科技创新委员会；三级是深圳市科技金融服务中心。三级管理体系结构明确，为科技金融发展提供了组织保障，标志着科技金融结合试点工作向纵深开展。

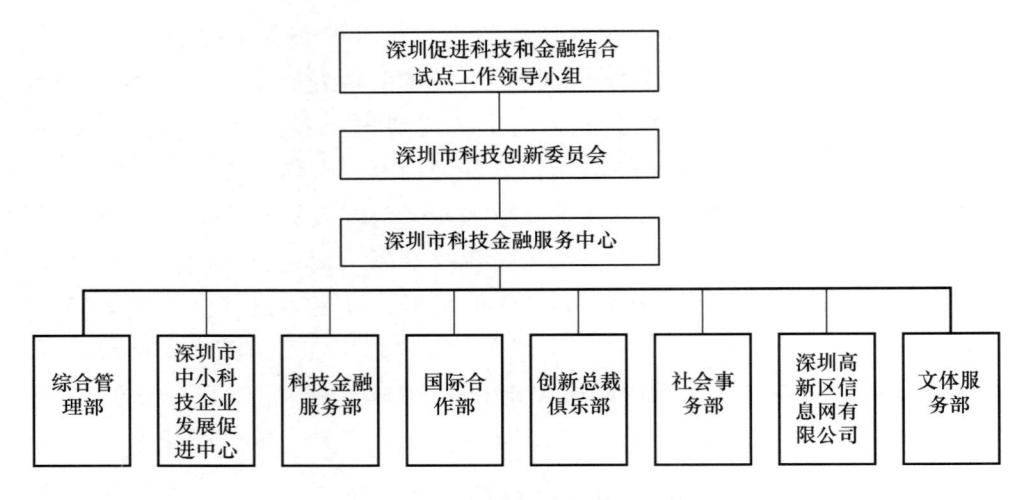

图 5-1 深圳科技金融管理架构

与此同时，深圳也建立了"深圳市科技创新资源共享平台"中心，各区设立科技金融服务中心，通过举办科技金融创新产品推介会、政策解读会、项目沙龙等活动，促进了科技企业和银行、投资机构的对接，实现融资服务、优惠政策、科技创新项目等相关信息共享，助推科技企业"千里马"找到投资"伯乐"。

三 创新财政投入方式，撬动社会资本助力科技创新

政府财政资金在科技创新早期阶段的介入可以减少科技创新风险，财政资金通过各类金融平台和社会资本同质化，从而提高政府财政资金的效率，带领、撬动社会资本投入科技创新，政府对科技创新的财政支持发挥了举足轻重的引导作用。

多年来，深圳政府积极通过改革财政资金投入方式，以财政"小资金"撬动社会"大资本"，通过组织银政企合作贴息、科技保险、天使投

资引导和股权类投资等方式,实现科技研发资金良性循环和保值增值,成功引导银行、保险、证券、股权基金等资本资源投向科技创新。

(一)深化改革财政资金投入方法

为加强科技研发资金管理,提高财政专项资金使用效益,保证科技研发资金管理的公平公正,深圳市政府在 2012 年出台了《深圳市科技研发资金管理办法》,明确了研发资金支出的对象、范围、方式和审批方法。同时,深圳市政府在 2013 年颁布了《深圳市科技研发资金投入方式改革方案》,充分利用财政资金引导、放大和激励作用,通过银政企合作贴息、科技保险、天使投资引导、科技金融服务体系建设、股权有偿使用等支持方式,全面撬动银行、保险、证券、股权基金等资本市场各种要素资源投向科技创新,逐渐形成全方位、多层次的科技金融服务体系,助推不同类型、不同发展阶段创新型企业发展壮大。其中,银政合作贴息项目是创新性的措施,科技企业如果需要资金资助,可通过科技创新委员会的科技库与相关银行进行贷款洽谈,政府通过贷款合同确认贴息资助,从而有效降低科技企业的资金负担。

除以上改革之外,深圳市政府还分别在信用贷款、天使投资、私募股权投资、产业基金和科技孵化基金等项目成立了专项资金,发挥了财政资金杠杆作用,在很大程度上缓解了科技企业的资金短缺问题。

(二)财政资金有效参与科技金融

深圳通过一系列政策措施形成一套财政资金参与科技金融体系运作的完整模式,其主要组成部分有:(1)银行委托贷款:财政资金经由银行按一定杠杆比例放大后与银行本身资金一起贷款给科技企业,如 Z2Z 科技银行联盟;(2)政策性创业投资机构,参股初创期和早期的科技类企业;(3)创业投资母基金,分散投资到各个市场子基金中,发挥杠杆作用,投资到创新创业企业之中;(4)担保集团,为符合条件的中小企业向银行申请贷款时提供担保;(5)再担保中心,为担保机构提供信用再担保;(6)科技保险产品资助,科技保险产品则为科技企业的知识产权、产品研发、成果转化等风险提供保障。财政资金参与科技金融运作模式如图 5-2 所示。

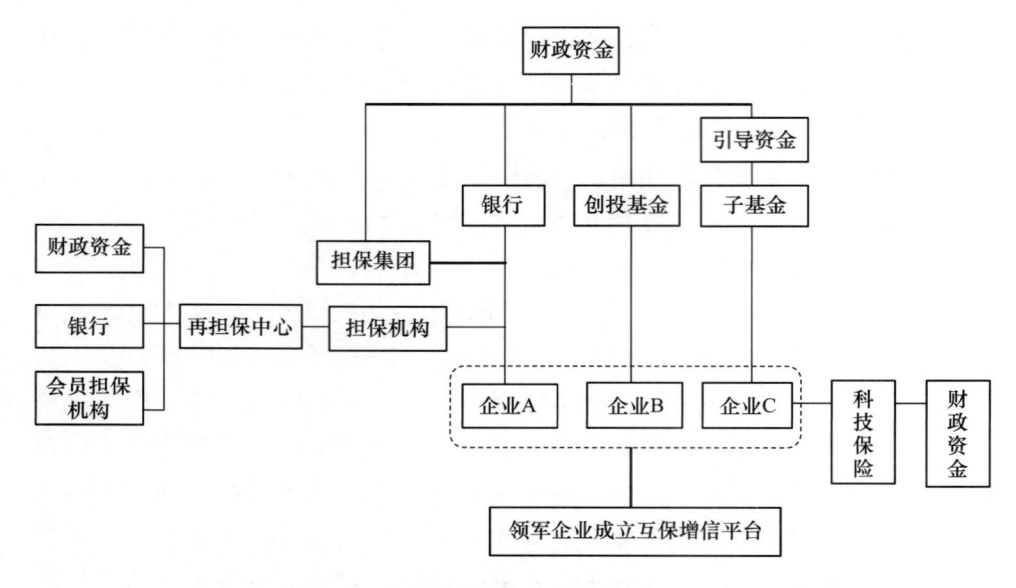

图 5-2　财政资金参与科技金融运作模式

（三）普惠性财政支持提高万众创新积极性

2015 年，为贯彻落实《国务院关于大力推进"大众创业、万众创新"若干政策措施的意见》，针对深圳中小微企业和创客等创新载体的融资难问题，深圳市政府制定了《深圳市科技创新券实施方案（试行）》。科技创新券是指利用财政资金支持中小微企业和创客向服务机构购买科技服务而发放的配额凭证，对科技创新券的申请入库条件、程序等进行了规范，该方案是深圳促进科技金融服务产品创新的有力举措。

四　政企合作大力发展科技信贷，拓宽间接融资渠道

企业科技创新活动是人力资本和金融资本相互对嵌来推动的，有效的金融系统支撑能够极大改善生产要素配置情况。对于我国金融体系而言，银行为主导机构，科技信贷在科技创新发展中作用尤为关键。[1] 作为创业之都，深圳中小微科技企业数量多，高科技产业基础好，企业创新能力

---

[1] 顾焕章等：《信贷资金支持科技型企业的路径分析与江苏实践》，《金融研究》2013 年第 6 期。

强，但由于中小微企业信息不对称等问题，融资难问题更加突出。深圳银行业等金融部门始终高度重视科技企业金融服务工作，把科技企业的发展当成一项重要的发展战略，不断完善经营机制，积极推进科技企业金融服务和产品创新，切实推动了深圳科技信贷业务发展。

（一）银政联手助力中小科技企业发展

近年来，深圳信贷市场积极发展中小型科技企业融资服务，深圳市政府各部门针对深圳自身发展需求出台多项相关政策，合理引导和强制措施并举，要求辖区内金融机构加强对科技型企业融资服务，切实推进金融促进实体经济发展的战略。自2011年以来，深圳市银监会在强化引领、支持创新方面积极推行"三位一体"的普惠金融发展战略，出台《深圳银行业小微企业服务监督评价方法》《关于进一步推进科技金融创新发展的通知》等一系列文件推动银行业持续加大科技信贷投入；2014年，深圳科技创新委员会和深圳市财政委员会联合印发《深圳市科技研发资金投入方式改革方案》，通过实施银政企合作梯级贴息资助，撬动银行业资源。一次性从市科技研发资金中安排4亿元作为委托贷款本金，以定期存款方式存入政府合作银行，政府存入银行本金50%以上实施信用贷款，撬动银行资金6—8倍。截至2016年底，银政企合作项目累计入库917项，政府对入库项目给予5000多万元贴息支持，300多个入库项目获得合作银行40多亿元贷款。

2015年，中国银行深圳市分行、建设银行深圳市分行、招商银行深圳分行、平安银行深圳分行、光大银行深圳分行、民生银行深圳分行、江苏银行深圳分行和邮政储蓄银行深圳分行等8家银行与深圳市国税局合作推出"互联网+税银合作"综合服务，实现税银信息平台自动化、平台化数据对接，充分利用企业纳税信息为小微企业提供信用融资支持。深圳市政府机构与金融机构协调联动，科技信贷支持科技企业创新效果明显。

（二）商业银行科技信贷产品服务创新

作为我国高新科技产业和金融业最活跃发达的城市之一，深圳市于2011年被科学技术部确定为首批促进科技和金融结合试点地区，2014年获国务院批复成为国家自主创新示范区，享受先行先试的创新支持政策。依托这一有利条件，深圳银行业等各金融机构持续拓展科技金融服务的内涵和外延，在专业经营机构改革、产品服务、投贷联动等方面进行创新，为高科技企业提供全方位的科技金融服务。

1. 探索专业经营机构改革

针对现有"总—分—支"架构下科技支行支持力度不足的问题，一些银行开始探索相对独立的科技金融经营管理模式。截至2016年末，29家深圳中资银行成立或者指定专门部门负责科技金融业务，并设立了42家科技特色支行。例如2014年，杭州银行深圳分行设立科技金融服务中心，搭建银政、银保、银投、银园、银盟五位一体的综合科技金融服务平台，提供包括抵质押融资类、交易融资类、创投渠道类、政府渠道类、园区渠道类和担保合作类等产品在内的金融服务。2015年，浦发银行深圳分行成立总行级科技金融服务中心，实施独立的风险垂直管理模式和差异化的中长期考核机制，以准事业部制形式实现科技金融专业化运营。

2. 拓展科技金融产品服务

各银行充分利用政府支持政策，针对不同发展阶段的科技型企业建立起较为完备的产品服务体系，并在此基础上进一步拓展服务范围，探索助推科技型企业走出去的有效方式。目前，深圳有25家银行推出"孵化贷""成长贷""研发贷""加速贷""知识产权贷"等科技金融产品和服务体系，另外也有15家银行建立了科技金融差异化信贷管理模式，为科技型企业建立有别于传统企业的授信准入、风险评级、审查审批和贷后管理制度，为科技型企业开通绿色通道。例如，2013年，中国银行深圳市分行推出跨境撮合服务，帮助科技型企业与具备先进技术的国外企业对接，推进先进技术、管理经验和资金的双向交流往来。浦发银行深圳分行为成熟的科技型企业提供并购财务顾问、航运及大宗商品衍生品代理清算、跨境联动贸易金融服务承销等特色服务，支持企业跨国交易和"走出去"发展。

3. 推进投贷联动新机制

一些银行与创投机构合作，以股债结合的方式支持科技型企业发展。2015年，中国工商银行深圳市分行搭建"融惠贯通"金融资产服务平台，在与股权投资基金合作中，引导资金对科创企业进行股权投资，并协助符合条件的科创企业通过短融、中票与私募债等债务融资工具拓宽融资渠道。中国银行深圳市分行、江苏银行深圳分行与集团内或第三方创投公司合作推出"股权+债权"形式的选择权贷款,给予创投公司可按约定认购目标客户股权的权利。

4. 开展多机构合作推动直接融资

新三板市场因其门槛低、适用范围广以及便于转板等特点,成为广大科创型中小企业优选的融资平台。[1] 深圳银行业抓住这一契机,与资产管理公司、证券公司建立合作关系,为有上市意向的企业量身定做融资、改制辅导等金融服务方案,助力多家企业成功踏入新三板,如招商银行的挂牌贷业务和江苏银行深圳分行的新三板上市业务等。

五 引导创业风险投资发展,多方资本助推创新创业

创业风险投资是科技和金融结合的代表,伴随我国经济的发展,创业投资发展迅速,自从 2006 年《创业投资企业管理暂行办法》发布实施,特别是创业板市场的推出,中国创投业短短几年时间就走过了美国 50 多年的发展历程,其数量和规模已达到发达国家最高水平。创业投资作为优化资本配置、支持实体经济、促进经济结构调整的重要投资方式,已经成为多层次金融体系和资本市场的重要组成部分。[2] 过去 20 年深圳高新技术产业发展突飞猛进,成为令全球瞩目的创新城市,这与深圳发达的创业投资体系密切相关。创业投资市场的建设是深圳高新技术产业迅速发展,使深圳成长为创新型城市的重要基石之一。

(一)政府引导从源头带动深圳创投业发展

深圳成为全国创业投资行业最活跃、发达的地区绝非偶然,而是市政府 20 多年来致力于建立发达完善的创投体系的努力成果。深圳市政府主要在以下两个方面的成功实践,从源头打造了现今完善的创投体系。

1. 创新投和高新投奠定创投体系基本方向

深圳设立创新投和高新投,奠定了创投体系"政府引导,市场化运作和按国际化惯例管理"的基本方向。1997 年 9 月,时任深圳市市长李子彬

---

[1] 戴湘云等:《多层次资本市场中的"新三板"对高新科技园区经济发展作用分析与实证研究——以中关村科技园区为例》,《改革与战略》2013 年第 12 期。

[2] 黄福广等:《创业投资对中国未上市中小企业管理提升和企业成长的影响》,《管理学报》2015 年第 2 期。

主持召开了市政府二届第七十六次常务会议，决定成立"深圳市科技风险投资领导小组"及办公室，负责领导创建科技风险投资机制的工作，这标志着深圳科技风险投资体系的创建工作正式拉开了帷幕。

1998年4月，深圳市委、市政府决定，由市政府出资并发起，分别创建深圳市高新技术创业投资公司（简称"高新投"）及高新技术产业投资基金，尝试引导社会资金及境外投资基金投资深圳的高新技术产业。到1999年8月，市政府又成立了深圳市创新科技投资有限公司（简称"创新投"），并于2002年10月改革为深圳市创新投资集团，成为一家以资本为主要联结纽带的、母子公司为主体的大型投资企业集团。

这家政府控股公司成立伊始就被授予了自主投资决策、投资范围不受区域限制、投资收益可按比例转作员工奖励等自主权，并得到市政府"不塞项目，不塞人"的公开承诺。时至今日，"创新投"已经被誉为中国最大的"红土创业投资资本"。截至2015年，深创投15年间接洽项目数万个，已投资项目559个，领域涉及IT、通信、新材料、生物医药、能源环保、化工、消费品、连锁、高端服务等，累计投资金额近163亿元人民币。

深圳发起设立的创新投和高新投在中国创业投资史上具有重大意义——奠定了我国创投产业"政府引导，市场化运作和按国际化惯例管理"的基本方向。

2. 创业引导母基金引领创投行业蓬勃发展

2008年8月，为抵御国际"金融海啸"对深圳经济造成的巨大冲击，深圳市政府召开党组（扩大）会议，同意由财政出资设立总规模为30亿元的创投引导基金，初期投入10亿元。深圳创投引导基金采用以参股设立子基金为主、跟进投资为辅的运作方式，主要目的是通过政府和市场两种资源配置手段引导社会资本进入创业投资领域，支持中小科技企业发展，推动创新技术源不断形成，促进自主创新和科技成果转化。

多年来，创业引导基金在深圳风投管理资本总额占比保持在10%—20%之间，出色发挥了行业稳定和引领作用，特别是在2012年全国创投行业遭遇困境的情况下，深圳财政积极支持创业引导基金的发展，当年募集资金依然实现了小幅增加的成绩。这表明政府实现了引导社会资本向创投行业配置的目标。

2016年10月，为规范深圳市政府投资引导基金的运作，深圳市创新投资集团有限公司（以下简称"深创投"）受深圳市财政委委托，依据《深圳市政府投资引导基金管理办法（试行）》及《实施细则》的有关规定进行管理，全面负责总规模一千亿元的深圳市引导基金母基金的管理工作，深圳创业引导基金从此实现专业市场化、规范化运作。母基金成立后，深圳市财政逐年加大对创业引导资金的投入，截至2016年底，财政出资达到500亿元，撬动将近5000亿元的总资产，带领深圳创投行业蓬勃发展。

（二）行业自律组织积极发挥桥梁和自律管理作用

深圳市创业投资同业公会是深圳创业投资行业自律组织，自2000年成立以来，始终坚持"政府引导、行业自律、专家管理、市场化运作"的宗旨，积极主动承担政府与行业间的桥梁功能，为创业投资体系建设出谋献策，基本上参与了所有本土创投行业法律法规的制定，并在推动证券市场股份全流通和深圳创业板的设立过程中做出了重大贡献。

在深圳及国家有关部委关于创业投资相关政策法规的制定和修订过程中，如税收优惠政策、创投备案管理制度、政府引导基金等，深圳创投公会都提供了重要的意见和建议。此外，深圳创投公会将进一步探索创新创投基金管理模式，持续开展项目对接活动，推动深圳创投企业到全国各地设立各种形式创投基金等，在探索"政府引导市场、行业管理企业"的现代市场经济体制中，极大地促进了深圳创投行业的持续快速健康发展。

六 鼓励科技金融产品创新，完善科技金融的新业态

（一）政企合作促进科技金融产品服务创新

近年来，深圳出台多项措施鼓励金融机构积极创新科技金融服务，着力解决科技企业融资难的问题。2011年，深圳牵头组建新技术产权交易所，陆续开发出中国智能资产指数等具有创新意义的科技金融产品。

金融机构也与政府科技部门开展金融合作创新试点，探索设立前海科技银行以及依托高新区、企业孵化器设立或者改造部分支行成为专门从事

科技金融服务的科技支行。2015 年，深圳市与交通银行深圳分行开展合作搭建银政合作平台，先后与南山、福田两区科创中心签订战略合作协议，建立将小企业融资产品与政府奖励、贴息及风险补偿等优惠政策有机结合的创新合作模式。

此外，在促进科技金融发展实践中，深圳在完善科技金融工作机制、搭建服务平台、建设创新载体、建立多层次资本市场等方面，均取得了重要进展。

（二）科技保险业务不断完善

科技企业在研发、生产、销售或其他经营活动中面临财产损失、研发中断等各种风险，科技保险就是针对这些风险设计的一系列保险产品。

深圳科技保险的特点主要为：政府主导安排，科技保险补贴政策补充支持。深圳市人民政府印发《关于促进科技和金融结合的若干措施》，明确强调加强科技保险服务。2013 年以来，市财政每年安排 1000 万元，对已投保高技术保险的高新技术企业、战略性新兴产业企业、软件企业等予以保费资助，资助比例最高为企业实际保费支出的 50%。

深圳科技保险重点发展方向为：（1）支持科技保险试点。对高新技术企业购买创新科技保险产品予以保费资助，探索利用保险资金参与重大科技基础设施建设制度。（2）创新科技保险产品。支持保险机构为高新技术企业开发知识产权保险、首台（套）产品保险、产品研发责任险、关键研发设备险、成果转化险等创新保险产品。支持保险机构与银行、小额贷款公司等合作开发知识产权质押贷款保险、信用贷款保险、企业债保险、小额贷款保证保险等为高新技术企业融资服务的新险种。（3）完善科技保险风险分担机制。畅通政府、保险机构、企业之间的信息共享渠道，支持保险机构、银行、再保险机构和担保机构等共同参与科技保险新产品风险管理工作。

深圳市科技创新委员会作为主管单位，制定了《深圳市科技保险项目申请指南》，为互联网、生物、新能源等战略新兴产业的科技保险项目提供保费资助。

（三）知识产权质押业务蓬勃发展

深圳是知识产权高地，近年来，在全国率先建立知识产权质押融资再担保体系，通过用好用活知识产权，助力企业发展壮大。这意味着一些刚成立的企业、轻资产公司等，将不再是制约科技型中小企业贷款融资的难题。

2012年4月，深圳市出台了《深圳市促进知识产权质押融资若干措施》，率先在全国建立知识产权质押融资再担保体系。该措施从机制、平台、评估、放贷、担保、交易、配套服务、推进保障八个方面推动深圳市的知识产权质押融资工作，为创新型中小企业发展解决资金问题。

深圳市知识产权局牵头成立知识产权质押融资协调小组，加强协调配合，共同推进知识产权融资工作。市政府亦建立了知识产权质押融资再担保体系，依托现有的再担保平台，由深圳市再担保中心为全市的知识产权质押融资业务提供再担保，再担保中心、融资性担保机构、商业银行按照5∶4∶1的比例承担贷款风险，再担保中心还按再担保额2%的比例安排风险补偿金。

第三节 深圳科技金融发展展望

科技金融是深圳创新型城市建设的重要内涵，也将成为深圳金融行业未来重要的增长点。近年来，深圳制定出台了一系列金融支持科技创新的配套政策，并在政府财政支持、设立科技服务平台、建设科技银行等方面进行了实际工作部署和推进。未来深圳的金融资源将更加广泛和深入地融入科技创新产业链，通过开发创新金融产品和服务进一步满足中小型科技企业的发展需求，构建充满活力的科技创新生态体系。

一 科技金融体系建设系统化和均衡化

深圳科技金融体系的建设需要在多层次资本市场不断完善的动态过程中，系统地规划解决深圳市科技企业借助资本市场如何融资的问题。深圳要建立起整个科技金融良性发展的生态体系，政府政策资源的使用及其对市场的引导是至关重要的一环，现有的科技金融资源需要在更高层级集成整合、均衡布局。下一步，深圳可着力对分散于多个部门的财政性投入资金进行统筹集成，对重叠冲突的政策脉络重新梳理贯通，对过度集中在局部区域的科技及金融资源进行有效引导以实现均衡布局，从而提升科技金融政策性效应。政策方向措施从单纯的补助、奖励、引导转移到组织协调全社会科技和金融资源，构建协同高效、充满活力的科技金融生态系统上来。与此同时，加强出台构建科技金融生态体系的政策规划，针对不同行业、不同规模、不同类型的科技型企业制定科技企业成长和金融支持路线图，不断培育符合深圳未来经济产业发展战略的科技企业。

二 科技金融产品和服务成熟化

围绕科技企业的融资需求，深圳政府应通过政策扶持手段，联合银行、保险及信托等金融机构推动科技信贷、科技保险、知识产权质押融资等科技金融产品服务不断成熟，引导信用担保、融资租赁、互联网金融等科技金融新业态的持续创新，积极探索建设特色科技金融专营机构，完善科技金融产品体系，使得科技金融产品的市场化成熟度越来越高，科技型企业的个性化信贷需求基本得到满足，企业获得科技金融服务的便利程度不断上升。其中，政府的引导和支持角色定位需要更加清晰，并进一步提高财政资金的带动效应。在科技企业融资成本方面，努力保证科技金融产品综合成本长期保持市场较低利率水平，并构建完善的科技风险共担和保险机制。

三 数据驱动搭建科技金融服务平台

互联网、大数据等技术创新，可有效缓解科技型企业融资过程中存在的信息不对称问题。深圳应将搭建数据驱动型科技金融服务平台作为提升科技金融服务质量的发展重点，进而提升科技企业"轻资产"价格评估体系、科技企业风险转移、融资平台和股权交易平台等方面的建设水平。新型科技服务平台应立足科技创新型企业的用户体验，充分运用先进的互联网和大数据技术，建立起各类型科技金融主体之间的信息对接接口和业务协作平台，不断提高整体服务效率，让广大创业创新者对科技金融服务平台触手可及，支持科技创新成为具有比较优势的发展模式。

第六章 深圳科技人才：从"人才荒地"到"人才旺地"

人才是深圳立市之本，深圳因人才而兴、因人才而盛。建市伊始，深圳是一片"人才荒地"，但深圳市政府很重视科技创新人才队伍建设，1983年创办深圳大学培养自己的人才，1984年成立人才引进办公室大力引进人才。经过近40年的发展，深圳已经成为全球著名的"人才旺地"。近几年，深圳更是不断在人才政策、服务、环境等方面加大创新力度，提升引才聚才质量。根据深圳市人力资源和社会保障局的数据，截至2016年底，深圳认定的高层次专业人才累计6249人，被评定的海外"孔雀计划"人才1996人，深圳市突出贡献专家47人，深圳市"百千万"人才工程国家级人选25人，受国家补贴的专家515人，专业技术人才共计144.1万人，技能人才共计308万人。截至2017年底深圳有全职院士29名。当前，深圳在有限的条件环境下，想继续保持增长的优势，抢占未来发展的机遇，必须依靠一流科技人才。

第一节 深圳科技创新人才队伍建设历程

深圳特区人才队伍的建设阶段，呈现出逐步从简单劳工型人才到高端复合型人才的演变。改革开放发展之初，深圳市率先打破计划管理体制下劳动用工方面的统包统配制度，推行自主用人的劳动合同制。随着社会高速发展，深圳人才队伍逐步向高技术、高水平、复合型方向发展，从最初的劳动工管理办法到现在的多种高水平人才队伍引进和奖励方案，先后进行了一系列用人机制的创新试验,① 大致分为三个阶段（见表6-1）。

表6-1　深圳三个发展阶段的主导产业、增长方式、人才要求和环境要求

发展阶段	主导产业	增长方式	增长动力	人才要求	人才对环境的需求
1979—1991年	传统加工制造为主的劳动密集型产业	粗放式增长	劳动和资本驱动	需要大量的生产工人	较低
1992—2002年	高新技术产业和先进制造业	粗放式向集约化过渡	技术和资本驱动	生产工人向技术工人和高技术人才转变	较高，需要一定配套
2003年至今	高新技术产业、战略性新兴产业、未来产业和现代服务业	集约化增长	技术、资本、创新驱动	需要大量高端复合型人才	很高，需要全面和综合配套

一　探索起步阶段：改革传统体制（1979—1991年）

1978年党的十一届三中全会胜利召开后，深圳作为中国四个首批改革开放的经济特区之一，承担改革与发展的重大使命。中央政府希望深圳先行敢干，蹚出一条具有生命活力的改革之路，作为典型对全国各地起到示范作用。同时，深圳作为一个靠近香港的"小渔村"，迫切需要用快速的发展和繁荣来证明优越的改革模式。此背景下，人才的需求被摆在首位，人事制度改革作为重大攻关问题，主要的改革措施如下。

（一）突破人才流动障碍

特区刚刚创立，外资企业的进驻和各行业高速发展，需要大量复合型人才，只靠自身培养，满足不了用人需求。因此，从全国各地吸引人才，成为深圳发展过程中解决用人短缺的主要方法。据统计，到1992年底，深圳引入技术人才约25万人，吸收应届高校毕业生约8万人。1983年，深圳率先在北京和上海等城市公开招聘人才，创新人才引进的新路子，设立"人才交流服务中心"来寄放具有干部身份的人才档案，让企业放心与人才签订"劳动合同"，探索了适应时代潮流的用人机制。

（二）推行按劳分配制度

深圳在初始艰苦的发展环境下，能吸引大批人才的原因就是灵活的机

---

①　王福谦：《深圳人才人事制度改革探索三十年》，《南方论丛》2010年第3期。

制和宽松的体制，从而使人才能发挥自身作用和价值。深圳率先在全国推行招聘录用、竞争上岗、合同用工等方式，创造劳动力商品化；率先承认技术入股，创造技术成果资本化。企业率先实行效益工资制，例如当时著名的蛇口"炸山填海造码头"事件，由于对运输车辆多拉货物奖励，被作为典型的"违规"案件报送中央。

（三）着力培养科技人才

1984年，深圳就已预测未来的人才问题是经济社会发展的瓶颈，拿出当年财政收入3亿元的三分之一，建设深圳第一所高校——深圳大学，并创造性地提出深圳大学同年创办、招生，并且毕业生自主就业不包分配。这些有魄力的决定铸就了如今深圳自主建设的一批高校，其中深圳大学和南方科技大学都已具备一定规模，各类职业技术院校也各具特色。2016年深圳市毕业大学生人数达7.1万，当年对人才培养的重点投入，已卓有成效。

总结深圳人才队伍建设第一阶段，是敢行先试的起步探索阶段，虽然当时的许多人才政策还未脱去计划体制的局限性，但许多富有远见的政策都是在此阶段出台的，而许多超越当时实情的政策也被证明符合改革发展进程要求。

二 助跑加速阶段：首创引才政策（1992—2002年）

人才队伍建设在这一阶段由探索起步开始进行到助跑加速阶段，改革也逐渐遵循市场经济的要求，走上正确的轨道。在此期间，人才队伍主要由生产加工型逐步过渡到脑力劳动型，人才政策方向逐步转为如何吸引高水平、复合型人才，更好留住高端创新型人才，以及如何让创新型人才更好地建设深圳。

（一）率先推行公务员制度

1992年，中央选择将国家公务员制度试点放在深圳，即政府机关干部变为国家公务员，并出台了一系列新的法规政策，包括公务员录用制度、考核制度、奖惩制度、工资福利等。深圳在用人的思想观念、体制机制、实际工作等方面走在社会前列，即机关干部转变成公务员之后，从入职到出岗均实行新的制度，且在全国率先实行考试制度，打破统一标准收入。

（二）率先推行全员劳动合同制

从1992年起，深圳企业率先试行全体员工劳动合同制，打破干部工人身份界限，无论该员工之前是什么身份和级别，都以企业员工身份与企业签订劳动合同。该改革政策淡化了（非取消）员工间的身份等级，促进企业用人自主化，是企业市场经济运营体制转变的关键一步。劳动合同制的推行，大胆破除了旧人事制度，促进人才的合理流通，领导的能上能下，促进人才间的公平竞争等。①

（三）率先改革推动人才流向企业

这时期正逢企业内部所有制结构改革，国有企业向股份制企业改造，资产形成分化重组，一些民营企业大放光彩，成为市场的新兴力量，对人才的需求大增，深圳人才的短缺很明显。但人才政策对民营企业发展的制约更突出，深圳率先突破人才体制限制，支持民营企业，例如批给民企华为人事计划的单列权，确保华为的人才需求。同时，深圳大量引进高校毕业生，数量上已超过"调动干部"，这些高素质人才迅速进入企业，促进了企业的发展和产业升级。

（四）提升高端人才的培养能力

这时期深圳先后建立了高等职业技术学院、高级技校等高技能人才的培养基地，与国内外大学共建虚拟大学园以培养硕士、博士等高端人才，并为高素质人才的培训进修服务，为企业发展提供人才培训的平台。

（五）不断优化人才环境

2001年取消一系列阻碍人才注入的政策，完善了人才发展环境，包括取消人才入户城市增容费、人才引进考试制度、人事计划单列制度、人才引进指标制度等。同时，实行《人才工作证》管理制度，并对研究生以上的高学历人才，实行入户3年以上，专项购房即可将个人所得税返还个人。

总结深圳人才队伍建设第二阶段，适逢全国各地改革开放兴起，深圳的改革经验得到全面的推广应用。得益于完备的市场配置人力资源，深圳人才交流规模不断扩大，成为珠三角的一盏明灯。

三 质量提升阶段：完善人才体系（2003年至今）

这一时期全国已充分认识到人才工作的重要性，全国的人才工作进入

---

① 王金根：《深圳人才政策的核心价值》，《深圳特区报》2010年7月9日。

最好的历史发展阶段。深圳成立了专门的人才工作领导小组，便于加强人才工作。

(一) 确立人才强市战略

从2006年开始，深圳管理的人口已超千万，为进一步加强人才管理，通过吸收国内其他地区人才政策的优点，同时破除自身政策限制，综合性地提出了个性化引才机制，打破专业和学历限制，在全国引起强烈反响。

(二) 优化系列人才政策

2005年深圳修订了原有的人才政策，针对性地出台了一系列新的人才扶持政策。2016年3月，深圳出台了《关于促进人才优先发展的若干措施》(简称：人才新政"81条")，从人才安居保障、杰出人才引进、高层次人才培育等多方面突破创新。

(三) 加强人才平台建设

深圳不断推进高校和科研机构发展，2015年，深圳大学和南方科技大学同时进入广东省高水平大学建设队伍，2016年，深圳职业技术学院和深圳信息职业技术学院被列入广东省一流高职院校建设名单。与清华大学、美国伯克利加州大学合作举办清华—伯克利深圳学院。香港中文大学深圳校区、北理莫斯科大学正式招生。哈尔滨工业大学深圳校区正式招收本科生，实现本硕博连贯培养。中山大学深圳校区启动建设。重点实验室、工程实验室、工程中心、企业技术中心等创新载体数量大幅增长。这些平台的建设吸引了大量的高端人才。

(四) 立法夯实人才工作基础

2017年11月，《深圳经济特区人才工作条例》出台，促进人才工作的各环节顺利进行，不唯地域引进人才，不求所有开发人才，不拘一格用好人才。人才工作条例通过严格的知识产权保护来保障人才价值实现。2017年深圳在南山区后海建设了中国首家人才公园，彰显深圳优越的人才生态环境。

第二节 深圳创新人才队伍建设成果

近年来，深圳市委、市政府围绕"人才强市"建设，不断增强创新驱动发展的原动力,人才引进、资助、培训、居住、评价等各方面相继出台了相关政策,并不断完善和修订。①

一 高端人才聚集加速

高层次人才管理方面,深圳先后出台了国内高层次专业人才"1+6"政策和引进海外高层次人才的"孔雀计划"("1+5"文件),不断加大高层次人才引进力度。通过系统性的人才引进政策,深圳每年引进大量国内外高水平科技人才,为深圳的科技创新发展带来源源不断的活力。

2016 年,实现"零突破"引进了来自发达国家的全职院士。2017 年,深圳引进了 12 名全职院士。截至 2017 年底,深圳市已有 29 名全职两院院士。2017 年,新增专技人才 9.7 万人,累计 153.8 万人;新增国内高层次人才 730 人,累计 6979 人;新确认孔雀计划人才 958 人,累计 2954 人;新引进海外留学人员 18307 人,累计近 10 万人(见图 2-5)。

二 人才结构不断优化

深圳市制定了一系列人才引进优惠政策,在经费、政策、服务等方面大力引进国内外高学历人才,通过创建创新创业基地、创新实践基地等人才集聚载体,积极帮助和支持高学历人才落户深圳。给予高学历人才丰富多元就业政策的同时,还给予他们丰厚的人才住房补贴(2017 年发放给新引进人才租房和生活补贴 25.72 亿元),为人才提供全方位多角度的支持,以不断优化人才结构。

截至 2016 年,深圳累计引进留学回国人员约 7 万人,其中 2016 年引进 1.05 万人,是 2010 年 1321 人的近 8 倍。至 2017 年底,通过"孔雀计划"累计引进海外高层次人才 2954 人,比 2011 年底(当年开始实施"孔雀计划")61 人增长 47.4 倍。根据深圳市人力资源和社会保障局的相关分析报告显示,八成海外高层次人才拥有博士学位,近七成海外高层次人才集中在 30—39 岁之间。2012—2017 年上半年,全市共引进人才 80.7 万人,其中本科学历 38 万人,占 47.17%;研究生及以上学历 8.37 万人,

---

① 刘容欣等:《深圳人才发展环境研究》,《第一资源》2013 年第 3 期。

占 10.37%；35 岁以下 71.34 万人，占 88.38%。

三 人口素质明显提高

深圳市围绕人才引进、培养、落户、保障等环节，逐步建立健全基本覆盖与人才引进相关的医疗、教育、社会保障、中介、生活配套等各服务领域，吸引高素质人才积极落户深圳。随着高端高学历人才的不断聚集、就业、落户深圳，构成深圳新的人口模式，提高了常住人口的整体素质水平。

2015 年，深圳市大专以上学历人口为 257.93 万，占常住人口 22.67%；每十万人中大专及以上教育程度人口为 22668 人，比 2010 年的 17644 人增长 28.47%，年均增长 5.16%。常住人口中平均受教育年限 2015 年为 12 年，比 2010 年的 10.7 年，增长了 12.15%，年均增长 2.32%。专业技术人才总量增长较快，2015 年，深圳市各类专业技术人员 144.14 万人，占常住人口比例为 12.10%，比 2010 年的 103.12 万人，增长了 39.78%；其中，具有中级以上技术职称为 43.54 万人，占 30.21%，比 2010 年的 35.47 万人，增长 22.75%。具体如图 6-1 所示。

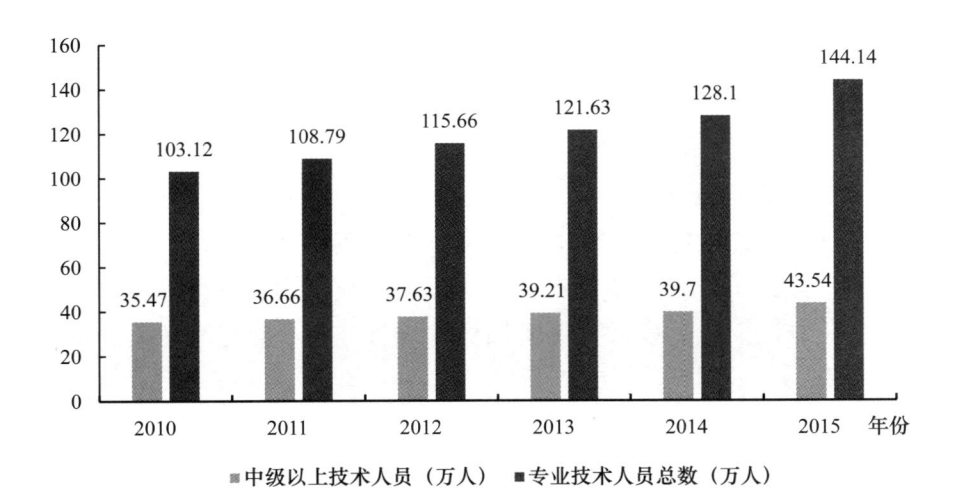

图 6-1 2010—2015 年深圳市专业技术人才队伍增长情况

资料来源：深圳市历年统计公报。

四 人才政策更加开放

2017年11月1日是深圳首个人才日,深圳市委书记王伟中表示,坚决把人才优先发展战略作为新时代深圳城市发展的核心战略,实行更加积极、更加开放、更加有效的人才政策,全力做好人才改革、开放、发展、服务等各项工作,努力打造创造活力竞相迸发、聪明才智充分涌流的"人才特区"。①

第三节 深圳科技创新人才队伍建设展望

党的十九大报告对人才建设做出了新指示:在全面建成小康社会的决胜期,要坚定实施人才强国战略。"培养造就一大批具有国际水平的战略科技人才、科技领军人才、青年科技人才和高水平创新团队。"深圳将建立健全开放引才、精心育才、科学用才的体制机制,形成更具创新、竞争力的人才政策制度,搭建更广阔、自由的干事创业平台,建立更高效、公正的公共服务体系,创造更优质、宜居的生活条件。②

一 合理改革分配制度,强化人才法制保障

(一)改革收入分配制度

1. 完善初次分配制度

通过逐步提升最低工资标准,构建与深圳经济发展相适应的最低工资调整机制,提升工资收入整体水平。开展工资收入增长机制专题研究工作并形成相关制度。充分发挥市场机制的基础性作用,规范初次分配,保障效率与公平。

2. 完善二次分配制度

通过改革试点收入分配方案,提高居民收入比重,保持居民收入的增

---

① 綦伟:《认真学习贯彻党的十九大精神 坚决把人才优先发展作为城市发展核心战略》,《深圳特区报》2017年11月2日。

② 深圳高南山区科技创业服务中心:《深圳创新人才激励机制及政策研究》,2012年9月。

长与国民经济增长速度相适应，以财政返还、补贴、社会福利等方式惠及民生。扩大税收优惠范围和税收优惠政策的适用范围，制定针对高层次人才的人才财政补贴返还政策。

3. 深化行政单位制度改革

深化机关、事业单位、国有企业收入分配制度改革，消除长期以来机关、事业单位、国有企业按身份分配收入的"双轨制"薪酬制度，达到单位聘用员工与在编人员统一的以岗定薪、同岗同酬目标，实现单位收入的公平分配。鼓励各单位建立绩效薪酬体系，鼓励各单位梳理内部岗位，明确岗位职责，评估岗位价值，并以此为基础确定各个岗位的薪酬级别和薪酬水平，建立以业绩为导向，体现市场化水平的自主、灵活的绩效工资制度，激发人才的工作热情和积极性。

(二) 创新社会管理体制

1. 提高社会人口管理水平

创新涉外管理体制机制，探索建立适合国际化建设需要的国际会议管理、外国人在华管理、外国非政府组织在深活动管理等一系列管理机制；推动户籍管理制度改革，优化人口结构，促进人口素质提升与国际化城市建设良性互动。落实防范措施，推进技防建设，在人员繁杂的城中村、老屋村、旧小区等地区强制安装"视频门禁"系统，加强电子探头等防控工程建设并建立后续维护管理长效机制。

2. 构建多元参与的社区治安防范体系

切实提高社会治安管控能力，保证社区民警专职化、社区警务专门化、社区民警专业化的专业治安管理队伍，并提高居民防范意识，鼓励共同参与防范，按照社区人口千分之五的比例组建有偿型、公益型、义务型和志愿型等多种形式的群防群治队伍，构建"专群结合、群防群治"的社区防范体系，增强人才在深圳居住、生活的安全感。

3. 构建知识产权创新体系

一是完善科技成果知识产权归属和利益分享机制，保护科技成果创造者的合法权益。二是促进科技成果产业转化，允许和鼓励在深高校、科研院所和国有企事业单位科技人员职务发明成果的所得收益，按较高比例划归参与研发的科技人员及其团队。三是完善知识产权工作体系，加大知识产权宣传普及和执法保护力度，营造保护知识产权的法制、市场和文化氛围，提升知识产权创造、运用、保护和管理能力。

4. 强化人才法规执行的检查工作

《深圳特区人才工作条例》围绕人才引进、培养、使用、评价、激励、保障等环节，建立了基本覆盖人才引进、居留、培养、评价、流动、使用、激励等各环节和相关医疗、教育、社会保障、中介、生活配套等各服务领域，以及调解、仲裁、诉讼等方面门类齐全、协调配套、结构严谨的地方性人才法律法规体系。未来，要加大执行和检查力度，依法维护用人主体和人才权益，有效推进人才工作规范化、制度化、程序化。

（三）优化人才结构

加快深圳产业结构调整，提高第三产业比重，巩固"三二一"的三次产业结构；根据产业特点，加快特色产业和技术服务等现代服务业的发展，并提升其在第三产业中的比重；继续加强高新技术产业、战略新兴产业发展，以替代低附加值产业。通过加快产业转型升级，吸引产业发展所需的各类人才，优化人力资源结构，促进居民收入整体水平的结构性提升。

二 全面落实人才政策，塑造良好用才环境

（一）构建全面人才政策

1. 健全人才政策落实监督机制

为加大深圳高层次人才优惠政策的落实力度，由主管人才工作部门牵头，建立人才政策执行评估机制，定期对政策及其实施效果开展评估，及时发现并改进政策制定和执行过程中的问题，强化政策实施的全程监督。一是明晰政策责任主体，在政策制定阶段即清楚注明政策的实施与执行部门，明确政策落实的责任主体。二是明确程序与期限，各项政策进入实施阶段，应有明确的办文程序与操作流程，根据不同内容明确办文时限。三是明确政策落实考核单位，明确各项政策实施效果的考核单位，定期评估政策实施效果和落实情况，加强政策实施全周期监督管理。

2. 塑造高层次人才政策品牌

一是优化人才政策，将项目资助和人才认定分离，明确创业资助、项目研发资助和成果转化资助三类资助以项目评审结果为资助依据，加快项

目资助资金拨付进度。二是逐步完善现有高层次人才认定标准，针对实际工作中操作性不强的标准，主管部门及时修订相关内容，保证认定标准客观、公平、易操作。三是加强现有各类人才政策之间的衔接，主管部门牵头进一步梳理现有政策，明确各类奖励补贴、住房优惠政策之间的衔接关系，切实解决高端人才住房、子女入学、医疗保险等后顾之忧。

3. 推动人才评价社会化

将社会化职称评定职能全面下放给具备条件的行业组织，制定行业组织承接职称评审职能监管办法。在新型研发机构、大型骨干企业、高新技术企业等开展职称自主评价试点。将技术创新、高新技术成果转化、发明专利转化等方面取得的经济效益和社会效益作为职称评审的重要条件。探索建立符合国际惯例的工程师制度。专业技术类公务员在职称评审、科研项目申报和经费保障等方面适用事业单位专业技术人员的相关政策。

（二）建设人才培育体系

1. 构建创业人才成长扶持体系

对于符合深圳产业发展的中小企业，政府给予资金引导和政策支持，鼓励企业加强内部在岗培训，逐步构建学校教育、社会培训、企业培训、职业培训、认证培训等有机结合的多层次产业人才培养体系。支持企业与高校合作成立特色学院，建立特色专业，定向委培产业发展所需人才。

2. 实施深圳人才培育支持计划

制订并实施年轻优才支持计划，为各项人才工程的实施提供财政、政策、服务等全方位支持，加快规划目标的实现。在中小学、大学，积极发展中外合作、课程开发项目，开展学生交换项目。对于一些优秀的、有潜力的初、高中生和大学生，经过公开推荐、选拔，采用奖学金方式公派到海外名校进行培养，为深圳储备后备人才。

3. 扶持深圳人才创新创业活动

倡导创新，鼓励创业。充分发挥高新技术产业开发区、创业服务中心、留学生创业园等造就人才、孵化项目、培育企业的功能，搭建资本与项目、技术与管理、企业与人才等多种创新创业要素的对接，为人才创业提供包括技术服务、政务服务、中介服务、金融服务、关联和特色服务等创业服务，促进科技创新、创业的资本运作以及人才聚集。采取多种方式开展创业辅导；通过战略联盟、中介服务机构协同提供咨询辅导；邀请知名专家和企业家作为孵化器顾问，提供咨询服务；开展企业促进服务，配置创业导师，成立专家顾问团，召开辅导会。

（三）改革人才激励机制

1. 完善科研经费管理体制

为了更加有效地使用财政的科研投入资金，政府有关部门需要进一步完善财政资金资助项目的信息公开与资源共享机制，通过公开申请资助项目概况信息的方式避免项目重复申请并获取财政资金资助。加强财政科技资金使用绩效评价与监督制度执行。健全财政科技经费绩效评价机制，并按照"事前审核、事中检查、事后评价"的要求，组织实施绩效评价，加强对财政科技资金的全程监督，以实现财政科技投入效益最大化。

2. 健全高级人才奖励制度

对承担国家重大科技攻关项目和工程建设项目并做出重要贡献的优秀科技创新人才给予重奖；对基础应用研究、高新技术研究以及重点学科研究带头人，建立特殊岗位津贴制度；对关系国家安全和国民经济命脉的行业、领域的高层次人才和有突出贡献的中青年专家等，建立重要人才的国家投保制度；对部分紧缺或急需引进的高层次人才，可参照市场价位高薪聘请。除了上述的物质奖励之外，对于有重大贡献的人才通过授予荣誉称号、建立人才蜡像馆、进入人才星光大道等多种途径予以精神鼓励。

（四）塑造深圳创新品牌

1. 强化特区精神塑造

不断优化深圳人文环境，持续塑造敢闯敢试、多元包容的移民文化，努力营造崇尚竞争、宽容失败、追求卓越的创新文化，将深圳打造成为极具包容性、创新性、市场化和国际化的魅力城市。充分尊重不同国家、地区、民族、种族各类人才的生活方式和文化习俗，逐步建立多语种的工作、生活语言环境，积极建造适合国际高端人士居住习惯的生活配套设施。

2. 加强城市品牌宣传

综合运用多种途径传播深圳良好城市形象，主动为各种媒体提供传播内容，积极宣传深圳在招才引智方面的优惠政策和经济、社会发展情况，展示深圳的发展优势，面向全球宣传推介深圳。发挥驻外机构和高交会、人才国际交流会、文博会、物博会等载体的作用，通过举办各种展会、高端论坛等重大活动，提升深圳的城市知名度，吸引国内外优秀人才到深圳发展。

3. 加大人文社科研究的支持力度

重视人文社科类的研究工作，大力扶持软科学类科研机构；采用"政府主导、社会参与"的多元模式，政府以购买公共文化服务的形式采购各类文化活动，营造创新、进取的城市人文环境，提升人才环境软实力。

三　创建招才引智机制，营造人才发展环境

深圳未来应该打造包括科研机构、高校等在内的更多更好的人才聚集载体，为人才提供更多干事创业的平台，创造更为良好的人才环境。优良的人才环境将吸引人才来安家落户，在人际互动过程中将吸引更多的人才集聚，形成"羊群效应"。人才的大量集聚又会推动人才环境的进一步完善，形成人才集聚的"马太效应"。

（一）加快创新人才载体建设

1. 加快推进新型科研载体建设

以市场化机制推进深圳新型科研载体建设。采用"运行理事会+创新公共服务平台+管理服务公司"的投资主体多元化模式组建新型科研机构，主要由理事单位、创新公共服务平台和专业运营管理服务公司三大模块构成，搭建专业化管理、市场化运作的新型创新载体，建立"企业主体、专业管理、市场运作"的运行管理机制，利用理事单位、咨询专家等多方资源，有目的、有计划地发现和挖掘高水平的技术成果和研发团队，引进或联合组建高水平研发团队，在机构专业化管理和市场化运作前提下，推动科技成果产业化。

2. 制定人才基地建设支持办法

在政策和经费方面，大力扶持国家级海外高层次人才创新创业基地、博士后设站单位、创新实践基地和市以上科技平台的建设，积极引导大中型企业设立企业博士后科研工作站，帮助和支持中小型企业创建博士后产业基地，积极争取国家重大科研计划项目及国家重点实验室、工程实验室、工程技术中心、企业技术中心等科研基地落户深圳。

(二)优化人才培养环境

1. 推动基础教育优质均衡发展

坚持教育发展的战略地位,建立市级统筹为主的基础教育财政投入体制,公共教育经费支出占本级财政一般预算支出比重在2020年达到20%。依法保障义务教育学校教师平均工资水平不低于当地公务员的平均工资水平,提高中小学教师的社会地位,增加教师职业的吸引力。改革教师教育模式,实现教师来源多元化,完善中小学教师准入制度,提高本科学历(学位)及其以上教师在中小学教师队伍中的比例,积极引进合适的高水平外籍教师。均衡配置教育资源,尤其是加大原特区外中、小学的投入力度,增加优质基础教育资源供给。制定全市义务教育阶段统一的学校经费标准、教师收入标准、学校配置标准以及教师队伍配置标准,大力推进义务教育资源均衡、优质、多元、全民以及信息化发展。引进国际高水平教育机构来深圳创办国际学校,在人才比较集中的区域,设立幼教机构、中小学等多层次国际学校,给予高层次人才子女学费补贴。

2. 加大高等教育发展的支持力度

加大对市属高校开展国家级重点实验室或分室、博(硕)士点、博士后流动站和研究生院等人才载体建设的投入力度,形成一批在全国有影响力的重点学科、名牌专业,实施名师名校长工程,引进国内外高水平的学术团队和学者来深任教、合作研究。加快推进深圳大学城三大名校的深圳校区建设,建设深圳大学城留学生中心,设立尖端科技领域人才培育奖学金,积极与国外顶尖大学共同设置合作奖学金。基于平等互惠原则,在深高校与世界排名顶尖大学以共资、共名、共选方式,分摊学费、生活费等奖助金额,鼓励在深高等院校自行挑选学生出国短期研修或实习,有效提升深圳高等教育的国际化水平。

(三)构建多层次人才工作组织体系

1. 成立统筹全市人才工作的机构

整合原有多个部门和事业单位有关人才服务管理职责,在市委组织部下设人才工作局,统筹全市人才服务管理工作。人才工作局职责重点是:加强全市人才工作的宏观指导,抓好人才工作的总体谋划和宏观管理,组织、推进落实人才发展规划纲要;抓好全市人才工作重大政策的研究、制定、统筹和落实；统筹创新创业领军人才、留学和海外高层次人才引进开发和成果转化评估、人才评价等工作；协调监督人才工作相关审批部门的行政审批，加强对人才政策落实的监督；承担对各相关部门及各区人才工作的统筹、协调、监督和考核职能，由市人才工作局牵头制订《人才政策落实工作方案》，将年度人才工作分解到相关部门，并对工作推进情况进行考核。

2. 完善人才管理的基层工作机构

与人才工作局相对应，区级层面设立独立的工作机构，统筹辖区人才服务管理工作；街道办由专人负责人才服务管理工作，配合市、区人才工作主管部门落实相关服务管理工作。推广人才服务驿站建设，在区、重点企业园区设立人才服务驿站，通过购买服务方式配备人才服务专员，加大各区、重点企业园区人才服务力度。

3. 建立人才工作经费刚性投入机制

建立人才工作稳定投入机制，市、区两级财政按照年度一般预算收入的一定比例作为人才工作经费纳入财政预算，并保持人才工作经费增长率不低于经常性财政收入增长率。人才工作经费主要用于人才引进、培养、服务等方面：人才引进工作经费主要用于主办或组团参加的招才引智活动、人才项目申报等工作经费，以及给予合作的海内外引才机构补贴等；人才培养工作经费主要用于建设高层次人才培训机构、各类人才的境内外教育培训；人才服务工作经费主要用于建设专业化人才服务机构和聘请专业化的人才服务团队。

（四）设立高端人才智库

1. 成立科技战略高端智库

研究推进人才工作的顶层设计和战略谋划，加强前瞻性人才工作研究，并承担国家人才研究的相关重大课题，为国家层面的人才政策制定提供智力支持。探索社会化、市场运营模式，试行理事会领导制的现代新型人才研究机构制度，将深圳科技战略高端智库建成人才工作研究的"南方智库"，探索不同于其他人才研究机构的新模式。

2. 建立人才工作决策系统

由人才工作主管部门统筹建立人才库，将各行业人才供求信息纳入数据库管理。依托人才库，加强各类人才资源信息的分析研究，为人才工作和经济社会发展决策服务，并建立健全人才资源年度统计调查和定期发布制度，成为人才流动的"信号灯"。开发人才资源预警及决策支持系统，及时发现人才管理问题，并有针对性地制定各项人才政策。工作内容包括预警分析和预控对策两大部分，由预警系统监测、识别、诊断、评价人才资源的状况，并给出预控措施建议，提高深圳人才政策的时效性和针对性。

四 合理利用社会资源，打造人才乐居环境

（一）构建人才发展指导体系

1. 制定人才服务业发展指导意见

制定深圳高端人才服务业发展指导意见，是为了推动深圳人才服务的市场化、社会化、规模化发展，培育国际化、专业化、服务型的各类机构，为人才提供专业服务，助推各类人才专业机构以及人才行业协会等社会团体组织的发展，鼓励各类专业机构和社会组织开展多种人才活动，创建深圳知名人才活动品牌。

2. 引导设立人才发展公益性基金

通过政府引导，争取海内外相关捐赠，成立人才公益性基金。该基金重点支持如下人才发展工作：组织开展和资助有益于深圳人才开发的活动；为实施人才培养、培训项目和重大研究课题等提供经费支持；支持国内外人才交流与合作；为社会各界开展与实施人才开发相关的公益性活动提供咨询和服务；表彰和奖励对深圳有贡献的杰出人才，或在政策咨询和学术研究方面做出突出贡献的人员；支持海外优秀留学人员来深创业或以多种形式为深圳服务。

（二）促进人才服务机构发展

1. 推进人力资源服务机构的发展

加大人力资源服务市场开放力度，鼓励和支持著名国际猎头公司、国际人才中介服务机构在深圳设立合资或分支机构；推动本土人才中介服务机构的产业化发展，不断提高服务水平。鼓励用人单位向市场购买人才派遣、猎头、培训等服务。整合海内外人才社团、创业服务机构、人力资源

服务机构等各类服务资源，为优秀人才提供创业、就业服务及各类生活资讯服务。

2. 创建实体和网络结合的人才城

集聚各种服务要素，加强创业扶持和辅导，并与产业、市场对接，为人才的各类需求提供综合服务，构筑国际人才合作交流平台，为人才创新、创业和生活提供"一站式"服务。政府相关部门入驻人才城，开展政策受理、互动咨询、信息自助和合作洽谈等服务内容，加快人才政策、创新创业政策的落实。此外，人才城还要成为集聚国家级、市级人才行业协会和人才社团组织的载体，引入各类人才品牌活动，专门为国际高端人才和人才社团组织提供交流平台。

（三）完善人才配套体系建设

1. 提升生活配套设施规划建设

完善产业园区生活配套设施，完善现有写字楼集中区和产业园区的餐饮、商业零售、金融机构等各类生活配套设施，弥补早期园区规划建设中单一产业功能导致的生活便利性较差的短板，完善产业园区的城市功能，打造适宜人才工作的生活配套环境。切实改善原特区外的交通环境，加快原特区外道路基础设施建设，加大原特区外产业园区及较偏远区域的公交发展力度，优化调整现有公交线网，合理布局公交站点，扩大公共交通覆盖地域。

2. 强化医疗卫生服务质量提升

建设一支数量规模适宜、素质能力优良、结构分布合理、以德为先、德才兼备的卫生人才队伍，造就一批具有亚洲一流医学水平，具备科技创新和知识创新能力以及国际竞争力的卫生系统杰出人才。完善政府主导的多元卫生筹资机制，强化政府投入责任，切实保障政府卫生投入增长幅度高于财政经常性支出的增长幅度，政府卫生投入占财政经常性支出比重逐步提高。增加医疗卫生资源的供给，尤其是原特区外的医疗卫生机构建设，加快原特区外已规划的医院建设进度，提升原特区外医疗机构的等级。深化公立医院改革，引进国际优质医疗资源，建设一批高端医疗服务机构，以坚持公立医院公益性、调动医务人员积极性为导向，推进公立医院管理体制改革，完善医院法人治理结构，着力构建科学有效的管理体制、补偿机制、运行机制和监管机制。

3. 加强多元人才安居计划的实施

优化现有人才安居政策，针对人才多元需求的特点和政府资助可持续的要求，采用货币补贴、实物配租、安居商品房等多种形式，实施多层次人才安居计划。由市住房主管部门统一安排部署，加大创新型人才用房和安居型商品房建设力度，满足在深长期安居乐业的稳定型青年人才的置业居住需求，明确规定创新型人才用房和安居型商品房总建筑面积及增长速度高于同期商品房住宅建设速度、创新人才用房增长速度高于安居房增长速度。按照"政府引导、财政支持、市场运作和社会管理"的原则，解决高端人才的租房需求。在人才集聚区集中建造人才公寓或整合现有社会闲散住房资源，提供给引进的高端人才租住，并运用市场化模式，政府采用合约形式引进社会机构管理人才公寓，确保人才公寓服务高效、高质。同时，支持有条件的大型国有企业、产业园区、高校等企事业单位，按照规定自行建设单位职工租赁房，并可享受一定税费优惠、贷款贴息等优惠政策，推进人才公共租赁房建设。针对量大面广的青年人才，实施以货币补贴为主的人才住房政策。打破重点企业人才方能享受政策的限制，扩大住房补贴政策覆盖面，满足与企业签订3年及以上劳动合同等条件的人才即可申请租房补贴。细化高端人才购房资助和租房补贴等相关规定，提高人才安居灵活性，充分尊重人才的个人选择。

第七章 深圳科技合作：从"周边区域"到"全球高度"

开展科技合作是综合创新生态体系的重要保障，是促进创新人才、创新载体、创新产业、创新金融等科技创新要素流动的重要措施，是深圳发展外向型经济、提高在高新技术产业价值链中的地位、增强科技创新国际竞争力的重要途径。为此，深圳充分运用地缘优势，主动寻求机会，丰富合作方式，加强与我国港澳台地区的科技创新合作；同时，高度重视国际科技创新交流与合作，实现科技创新资源优势互补，增强国际竞争力。

第一节 深港澳台科技创新合作频翻新篇章

在外向型经济发展过程中，深圳积极运用与我国港澳台的毗邻优势、两岸四地的基础设施和通关便利化优势以及科技创新合作需求，主动树立新的发展理念，转换新的工作思路，寻求新的机会与突破，开展科技创新合作活动，充分发挥深圳连接内地与港澳台地区的窗口作用，促进两岸四地科技创新活动繁荣。随着深圳自身科技创新资源种类和数量的不断丰富，深圳与港澳台地区的科技创新合作，经历了从主动寻求对话到探索多种合作方式，再到加速融合成长的过程，实现了单向科技创新资源输入到双向、多向科技创新资源的流动，为两岸四地科技创新驱动产业和经济发展提供了可持续的动力，大大提高了深圳在全国以及全球科技创新价值链中的地位。

一 合作第一阶段：寻求对话

改革开放初期，深圳秉持以开放促改革、促发展的工作思路，充分发挥与港澳台毗邻的地理区位优势，积极主动寻求科技创新合作机会，引进先进的科学技术、经营理念和管理方式，为科技创新活动奠定了良好的技术和管理基础。

（一）主动寻求合作的过程

20世纪80年代，深圳经济特区经历了从筹办、规划和以基础设施建设为重点的阶段，向积极发展外向型经济转变的阶段，初步形成了一个以工业为主，工贸技相结合、外向型、多功能、综合性的经济特区。在发展外向型经济的过程中，深圳所面对的世界经济发生了根本性变化，产品内分工的地位日益突出。①

产品内分工，通过全球价值链网络，不仅可以利用各国的比较优势，还能在同一产品的不同工序上更好地实现规模经济，通过生产工序在空间上的可分离性、投入品比例差异、有效规模差异、运输成本不同、跨境经济活动的交易成本变化五个方面实现产品在全球范围内分工的广度和深度。② 面对国际分工所带来的经济格局变化，由于深圳具有与我国港澳台地缘相近的地理优势，成为港澳台跨境交易、贸易的重要选择。在该阶段，深圳与港澳台地区科技合作处于基础和起步阶段，深度和广度不足，主要表现为寻求向世界先进科技活动和组织对话、学习的机会。

20世纪60年代开始，香港从港口经济转向出口导向战略，充分利用港口优势，加入贸易大发展行列，工业发展迅速。但是，从20世纪80年代开始，劳动力价格上涨，土地价格飙升，导致商业成本极大增加。从20世纪50年代末到90年代初，香港制造工业用地价格上涨了390多倍，商业用地、生活用地的价格也高居世界各大城市前列。③ 加之香港产业结构和企业结构并无优势可言，香港面临着产业升级的压力，以劳动密集型为

---

① 李刚等编著：《中国对外贸易史·下卷》，中国商务出版社2015年版，第177页。
② 涂颖清：《全球价值链视野下我国制造业升级研究》，江西人民出版社2015年版，第31页。
③ 国世平主编：《深港高科技合作的10大趋势》，海天出版社2002年版，第160页。

主要特征的加工装配业开始向内地转移。

在香港制造业转型时期,深圳因与香港毗邻,成为香港产业转移的重要选择;同时,深圳经济特区在建立时就明确了要抓住产业转移时机,以吸引外资发展深圳经济的政策。[1] 在内外因的共同作用下,来自香港的"三来一补"因其形式灵活、投资少、成本低、见效快、风险小等特点,在深圳迅速发展,形成了"前店后厂"的合作模式。"前店后厂"模式发挥了香港拥有的海外贸易优势,承接海外订单,在深圳从事"三来一补",即来料加工、来样加工、来件装配和补偿贸易,深圳由此而创办了一大批劳动密集型的加工制造企业。来自香港的技术、信息、资本,开启了深圳自身的工业化进程。[2]

除香港外,深圳也探索扩大合作网络,逐步探索与我国台湾地区的经济、科技合作,但是受多种因素影响,深圳和台湾的科技、经济合作起步较晚,困难也比较多。1978年以前,两岸仅通过香港等地采购少数产品。20世纪80年代初,作为"亚洲四小龙"之一的中国台湾,由于新台币对美元持续升值,加上人们的环境保护意识高涨,劳工成本提升,以及石油危机、物价上涨、通货膨胀严重、国际经济不景气等因素的影响,加之中国台湾开放外汇市场之后,便利了民间企业调度资金,[3] 台商开始寻求机会,与深圳进行经济、技术合作。1982年12月,深圳华侨家私有限公司(合资企业)在深圳华侨城工业区成立,成为台商投资祖国大陆的第一家台资企业。该公司生产的高级家私远销日本等国际市场。1983年5月,国务院颁布《关于台湾同胞到经济特区投资的特别优惠办法》,在税收、土地使用等方面给予政策优惠。在政策的支持下,深圳市积极与台商进行洽谈,合作不断深入。在这一时期,在深圳的台资企业多为劳动密集型的中小企业,但是部分行业和项目的技术水平达到国际先进水平,为深圳科学技术水平提升、科技人才培养提供了丰富的资源。

(二)初期合作成果显著

在初期阶段,港澳台对深圳的投资带有明显的地缘特征,形成具有深

---

[1] 沈元章等主编:《特区经济问题》,广东人民出版社1989年版,第68页。
[2] 韩靓:《人才供给侧改革的深圳实践》,《特区实践与理论》2017年第6期。
[3] 张邦钜:《台湾经济研究选集》,九州出版社2015年版,第18页。

圳特色的区域经济格局，也开启了深圳的现代化进程。在整个 20 世纪 80 年代，深圳市国内生产总值增长 49 倍，出口总值增长 135.2 倍，外汇收入增长 11.4 倍；全市共与外商签订各种协议合同 7686 项，协议投资 61.8 亿美元，实际投资 32.5 亿美元。其中，1986 年，深圳与港澳协议利用资金 23953 万美元，实际利用 38587 万美元；1987 年，深圳与港澳协议利用资金 16431 万美元，实际利用 25632 万美元；1988 年，深圳与港澳协议利用资金 33363 万美元，实际利用 28198 万美元；1989 年，深圳与港澳协议利用资金 40214 万美元，实际利用 28729 万美元。此外，1983—1986 年，11 家台资企业落户深圳，协议投资逾 5000 万美元。1987 年 11 月，深圳市政府制定和颁布了《进一步贯彻国务院〈关于台湾同胞到经济特区投资的特别优惠办法〉的通知》，积极引进台资。当年即有 10 家台资企业落户深圳，协议投资 2000 余万美元。

受经济、产业、科技环境的限制，该阶段的科技合作多属于民间自发，由市场驱动且缺乏系统规划和组织；在合作模式方面，多属于技术应用型，港澳台企业主要居科技成果输出地位；在合作内容上，所合作的领域在整个产业链层次较低，在基础研究和应用研究创新链的前端，缺乏规范的、综合的合作平台；在合作方式上，主要表现为引进技术、成果转让、合作发展、委托开发、借用人才等模式。①

二 合作第二阶段：探索多种合作方式

从 20 世纪 90 年代开始，知识开始成为除了资本与劳动力之外的一项新的生产要素。② 1996 年经合组织发表《以知识为基础的经济》报告，指出未来的经济是以知识为基础的经济，其中最重要的部分是科学技术、管理和行为科学知识。自此，建立在知识和信息的生产与分配及使用基础上的知识经济已见端倪。世界各国尤其是工业发达国家在高技术经济领域的竞争呈现出进一步升级的趋势，许多国家推出了一系列高技术产业发展计

---

① 深圳市委政策研究室和市科委联合考察组，丁星执笔：《加强深港科技合作 推动深圳产业升级——深港科技合作的赴港考察报告》，《特区实践与理论》1990 年第 2 期。

② [美] 彼得·F. 德鲁克：《后资本主义社会》，傅振焜译，东方出版社 2009 年版，第 4 页。

划。① 为了应对激烈的全球科技经济竞争，深圳与我国港澳台之间建立优势互补、互利双赢、更加密切的科技合作已然成为发展的内在需求和客观要求。

（一）深度合作的推进过程

经过20世纪80年代的合作初期，港澳台地区经济、技术合作所形成的"三来一补"模式，虽然能有效引进外资，但不能有效形成完整的产业链，无法促进深圳产业体系的发展，也无法提升整体科技水平。为促进产业发展，深圳市在1993年珠江三角洲地区发展高新技术产业座谈会上，确立了发展高新技术产业的大方向。1995年，为进一步推动深圳市科学技术进步，促进经济社会的持续、快速、健康发展，中共深圳市委、深圳市人民政府做出《关于推动科学技术进步的决定》。该决定提出"科教兴市"战略，并提出要"扩大对外开放，广泛开展科技合作与交流"，"广泛开展深港科研合作，加速实现与国际经济接轨"的具体要求。

同时，国际市场竞争已经进入以科技创新为核心的时代，但以中小企业为主体的中国港澳地区产业组织技术创新能力不足、风险承担能力有限的产业结构等问题导致中国香港科技创新能力发展缓慢，特别是代表高新技术产业的机电和电器制造业也失去固有优势。② 其中，20世纪90年代，中国香港R&D支出比例明显低于中国台湾、韩国和新加坡，科技发展动力不足，科技资源产生受阻（见表7-1）。

表7-1　20世纪90年代亚洲"四小龙"R&D支出占GDP比重（%）

年份	中国台湾	韩国	新加坡	中国香港地区
1990	1.65	1.91	0.84	0.600
1992	1.74	2.08	1.18	0.050
1994	1.80	2.29	1.12	0.100
1996	1.86	2.79	1.37	0.288

---

① 郑英隆：《关于九十年代粤港高技术产业合作问题》，《科技管理研究》1991年第5期。
② 滕光进等：《香港产业结构演变与城市竞争力发展研究》，《中国软科学》2003年第12期。

面对激烈的国际竞争，面对科技已经成为经济发展重要动力的现状，我国港澳台地区与内地（大陆）开展经济、科技合作的呼声越来越高。1990年12月11日，由我国著名经济学家马洪、香港中文大学阖建蜀教授以及台湾经济学家高希均教授共同发起的"中国华南地区经济合作研讨会"在深圳召开。来自广东、福建、海南、广西、黑龙江、内蒙古、辽宁、上海、重庆、北京等省、自治区、直辖市，深圳、珠海、汕头、厦门经济特区，我国香港、澳门、台湾等地区的专家、学者和代表参会。在会议上，马洪指出在世界经济发展格局走向区域化、集团化的背景下，经贸科技合作问题直接关系到在全球经济格局内中国将占一个什么地位的问题。为了适应世界经济新的发展趋势，完全有必要进一步加强中国南部沿海地区的经济技术合作。中国内地（大陆）和港澳台地区各自具有的优势，通过这一区域合作，将使优势互补，劣势相消，凝聚成一支强大的经济科技力量。①

（二）合作成果多样化

20世纪90年代，深圳的投资硬件环境进一步改善，公路、铁路、航空、海运、邮电通信等经济基础设施在内地处于领先水平，现代化、国际化大都市的各项必备条件也初步形成。深圳与港澳台地区的科技合作活动一直在不断深入，并形成了一系列的合作成果。

面对强烈的外部驱动与内在需求，深圳先后提出创办"深港科技园""深港科技中心"等设想，并于1998年，在国务院港澳办的支持下，结合1992—1997年以来的深港科技合作研究与民间推动的基础，将科技合作列入粤港合作联席会议第二次会议议题，后由于种种原因均被搁置。1999年8月，深圳与北京大学、香港科技大学联合成立了深港产学研基地，探索和实践官、产、学、研相结合的新路子，为深圳发展高新技术产业和提升教育事业服务。通过各机构之间的强强结合、优势互补，形成强大的创新科技能力及高新技术产业化能力，实现了深港科技合作的突破，成为深港科技合作的里程碑。深港产学研基地仅在2000年2月，即签订了10个高科技项目。

---

① 马洪：《中国华南沿海地区经济合作研讨会开幕词》，《改革》1991年第2期。

这个阶段，深圳开始在科技含量较高的资讯电子行业开展科技合作活动，其中以富士康企业集团最为典型。1988 年，台湾鸿海科技集团大陆的第一个生产基地——深圳海洋精密电脑接插件厂在深圳市宝安区成立，从事来料加工，生产电脑配件。1993 年成立富士康精密组件（深圳）有限公司，1995 年成立富金精密工业（深圳）有限公司、鸿弘精密组件（深圳）有限公司、鸿准精密模具（深圳）有限公司等独资企业。台资 IT 产品的产业链条较为完整，为深圳 IT 等高科技产业的发展奠定了良好的技术资源基础和管理基础。

进入 20 世纪 90 年代，深圳与港澳台地区经济技术合作方式呈现多样化，进程不断加快，合作研究和推广高新技术产品取得较大进展，共同投资结构向高科技产业倾斜。也有部分港澳台厂商在原有设厂基础上追加投资，引进新一代设备，生产附加值更高的产品，投资于技术含量更高的行业。[①]

三 合作第三阶段：加速双方的融合成长

经过 20 世纪 80 年代与 90 年代经济、科技、管理合作经验积累和模式探索，深圳与港澳台地区秉持开放共赢、扩大产业融合、发挥市场力量的共同愿景，加速科技创新转型升级，将科技合作提高到更高水平。

（一）积极推动"深港创新圈"建设

在《内地与香港关于建立更紧密经贸关系的安排》的框架下，深港两地政府于 2004 年 6 月 17 日签署"1 + 8"协议。"1"即《关于加强深港合作的备忘录》（以下简称《备忘录》），"8"即深港在口岸基础设施、经贸、科技、教育、金融、环保、旅游、文化 8 个具体方面的合作协议。"1 + 8"协议的签署，表明深港合作首次上升到政府层面。《备忘录》强调要"建立科技合作协调机制，共同策划科技合作计划，促进两地技术平台、研究设施和科技咨询共享，相互加强知识产权保护，联合发展一些重大科技合作项目，共同培育科技创业投资市场体系"，以及要"共同开展科研合作与学术交流"等科技合作内容。

---

① 季崇威：《中国大陆与港澳台地区经济合作前景》，人民日报出版社 1996 年版，第 425 页。

在这一阶段，深圳和香港对加快科技创新都有强烈的需求，两地的科技创新资源各有优势，并且已经有了较好的合作基础。深港开始探索共建"深港创新圈"，打造世界级科技创新中心，能够为两地和区域经济发展增添新的、可持续的动力，提升我国在全球创新和制造业价值链中的地位。[①]

2005年7月，时任深圳市委书记李鸿忠代表深圳市委、市政府汇报深圳自主创新工作时，首次提出建设"深港创新圈"的设想，并得到国务院以及国家有关部委领导的一致肯定。2005年12月，深圳市科技信息局，组织召开了深、港两地相关部门、中央部委领导和专家、学者参加的"深港创新圈"内部研讨会，会议对建立"深港创新圈"的必要性、可行性、可操作性，以及"深港创新圈"的定位、目标、主体、模式做了较为全面的讨论。2006年1月4日，深圳市委、市政府在《关于实施自主创新战略 建设国家创新型城市的决定》中第一次正式提出"深港创新圈"，明确"进一步完善深港科技合作机制，促进两地创新要素的合理流动，探索建立联合创新信息平台、联合培训基地、联合实验室、联合教育体系，实现信息互通、实验室共用、研究经费共担、研究成果共享"。

2006年4月21日，"2006深港创新圈专题研讨会"在深圳举行。国家有关部委和研究机构、广东省科技厅以及深港两地的领导、专家和产业界的代表齐聚深圳，共同探讨建立"深港创新圈"的政策与操作问题，以及"深港创新圈"的定位、功能和模式等。会议明确建立"深港创新圈"的基本定位是：以科技合作为核心，以政府为主导、民间为基础、市场为准则，以河套地区为纽带，以港北教育研发集群及深南产业集群为主轴，以珠三角为纵深，全面推进和加强深港科技、经济、教育、商贸等领域的广泛合作，加快建设在国际上有较大影响、在国家战略中有重要地位、对区域发展有突出贡献的、创新资源最为集中、创新活动最为活跃的"半小时创新圈"。

2007年3月，深圳政府工作报告对"深港创新圈"进行了明确定义，是指"深港两地政府与民间力量共同促成的，由两地城市创新系统、产业链以及创新资源互动、有机连接而形成的跨城市、高聚集、高密度的区域

---

① 许宏强：《构建深港科技创新圈 打造世界级科技创新中心》，《国家治理》2015年第14期。

创新体系及产业聚集带"。报告明确提出要"全力推进'深港创新圈'建设,完善深港科技合作机制"。4月16日召开的内地与香港科技合作委员会第三次会议上,应深圳市的要求,正式将"深港创新圈"的工作纳入内地与香港科技合作的框架之下,决定将"深港创新圈"的建设作为合作委员会2007年的工作重点之一进行推动。

(二)融合成长结硕果

2007年5月21日,香港特别行政区政府与深圳市人民政府在香港会展中心正式签署《香港特别行政区政府、深圳市人民政府关于"深港创新圈"合作协议》(以下简称《"深港创新圈"合作协议》)。这个协议的签署本身是深具意义的,是香港与内地科技合作委员会成立三年以来首个落实的协议,标志着港深合作进入实质性的操作阶段。

《"深港创新圈"合作协议》达成17个方面的共识,涉及战略研究与规划布局、科技人才培养交流、公共平台共建共享、科技中介合作交流、创新项目资助支持、科技园区合作、知识产权保护、市场推介与招商引资等方面,几乎涵盖了深港双方科技创新的优势领域。内容主要包括:一是双方政府成立深港创新及科技合作督导会议,并根据需要成立若干个专职小组;二是加强"深港创新圈"战略研究的合作,尽快制定创新圈发展战略和实施步骤;三是加强两地创新人才、设备、项目信息资源的交流与共享,双方合作建立统一的深港科技资源信息库;四是加强两地科研机构及高校间的合作,鼓励双方科教人员的交流和培养;五是整合创新资源,支持创新合作,双方政府共同出资支持两地企业和科研机构合作开展创新研发项目,实行共同申报、共同评审,并共同促进其产业化;六是加强双方科技园区的合作,实现合理布局、突出特色,努力构建完整的产业链和创新链;七是鼓励和支持双方科技中介服务机构的合作,并赴对方设立分支机构;八是加强双方在知识产权管理、保护和使用方面的交流与合作,为自主创新提供有效保障;九是加强合作向外推广深港两地的科技服务和成果,以及加强双方会展业的合作,培育各自有特色、有品牌的国际性科技展会;十是双方共同努力改善通关环境和跨境交通,为物流、资金、人才和信息等创新要素的流动提供更大的便利;十一是加强双方在医疗卫生、环境保护、食品药品检验、出入境检验检疫等公共服务领域的科技合作与交流等。《"深港创新圈"合作协议》签订后，深港双方从各自的科技研发资金中安排专项资金用于支持"深港创新圈"建设，主要用于资助"深港创新圈"创新环境的建设及科技研发活动，涉及的科技范畴包括信息与通信、无线射频识别技术、光机电一体化、汽车及零部件、生物医药、医疗设备、新材料及环境保护等，并实现了双方"共同评审、共同资助、共同验收、共同跟踪评估"，实现了深港合作历史上的重大制度创新。

为落实《"深港创新圈"合作协议》，深港积极探索科技合作机制创新。2007年10月15日下午，深港创新及科技合作督导会议第一次会议在深圳会展中心召开。会议通过了《深港创新及科技合作督导会议工作机制》，确定了督导会议的工作机制，明确督导会议负责统筹协调、监督指导深港两地政府间已签署的与创新和科技合作相关的各项协议、备忘录、意向书的推进与落实。

除了《"深港创新圈"合作协议》外，深圳也在不断扩大科技合作覆盖范围，在更高的层面建设科技合作平台。2010年8月26日，在深圳经济特区建立30周年之际，《国务院关于前海深港现代服务业合作区总体发展规划的批复》正式下达。2011年3月，国家正式将深圳前海开发纳入"十二五"规划纲要。2012年3月，国家发改委正式印发《深圳前海深港现代服务业合作区产业准入目录》。该目录涵盖了前海深港合作区金融业、现代物流业、信息服务业、科技服务业、专业服务业、公共服务业六大领域共计112条产业目录。深圳前海作为国家战略级别的深港合作模式，极大促进了深港科技成果交流、科技要素流动，也为科技与产业、金融的有机结合提供了桥梁和平台。

习近平总书记在《在十八届中央政治局第九次集体学习时的讲话》中指出，人才资源是第一资源，也是创新活动中最为活跃、最为积极的因素。要把科技创新搞上去，就必须建设一支规模宏大、结构合理、素质优良的创新人才队伍。为加快建设创新型人才队伍，大力提高人才创新能力，充分发挥人才在创新发展中的引领作用，深圳在科技合作中也高度重视创新型人才的引进和培养。2013年6月24日，首个深港青年创新创业基地在深圳南山云谷创新产业园正式揭牌。深港青年创新创业基地作为落实中央惠港政策、深化粤港深港合作的标志性成果和"深港创新圈"的重要内容，有助于发挥香港的人才团队、高等教育和基础研发等方面的优势，也有助于发挥深圳经济特区产业基础雄厚、创新创业环境优良的优势。两地优势的有机结合，对于深港共同打造国际化的创新中心，提升可持续的竞争能力，具有重要意义。2014年3月21日，教育部向广东省人民政府发出《教育部关于批准设立香港中文大学（深圳）的函》，同意正式设立香港中文大学（深圳）。香港中文大学（深圳）的创办不仅对深圳建设现代化国际化先进城市和国家创新型城市、对深圳未来30年的发展具有战略意义，而且对加强深港科技合作，共同培养高层次科技人才，共同研究和开发高科技成果，共同提升科技创新国际竞争力，具有重要作用。

第二节　国际科技创新合作不断向纵深推进

国际科技创新合作有助于促进科技创新资源要素自由流动，优化科技资源要素配置，减少重复劳动，提高关键性、共性基础技术研发效率，形成优势互补、共同发展的科技创新模式。因此，面对经济全球化的发展态势和知识经济的演进，国际科技合作成为推动社会经济增长、提升劳动生产率的有效途径和战略选择。

一　国际科技创新合作目标：促进科技创新资源流动

在世界经济全球化发展过程中，创新资源的全球化流动、科技产业的国际化特征日益凸显，进一步加强了国际科技创新合作的外部需求。

（一）国际科技创新合作的政策梳理

面对日益激烈的国际竞争，中国政府始终高度重视国际科技合作，出台了一系列支持国际科技合作的政策文件，主要包括以下内容。

1. 出台系列政策全面支持国际科技合作

1978年发布的《1978—1985年全国科学技术发展规划纲要》明确提出要"加强国际科技合作和技术交流"的要求。1985年3月的《中共中央关于科学技术体制改革的决定》将"对外开放，走向世界"确定为"我国发展科学技术的一项长期的基本政策"，并提出了"广开渠道发多种形式的国际合作开发、合作设计、合作制造",以及积极开展国际学术交流,引进外国研究人员参加合作研究,扩大科学技术图书馆的进口规模,加速国际科学技术信息交流,及时把握世界科学技术发展的动向等措施。2000年,我国首个国际科技合作发展纲要《"十五"期间国际科技合作发展纲要》发布,将国际科技合作提升至国家战略高度。此后,国家科学技术部先后发布《"十一五"期间国际科技合作实施纲要》《国际科技合作"十二五"专项规划》,提出拓展合作领域、创新合作方式以及提高合作成效,形成国际科技合作新格局。2006年国务院在《关于实施科技规划纲要增强自主创新能力的决定》中,正式提出将我国建设成为创新型国家的目标。此后,我国先后发布《国家创新驱动发展战略纲要》《"十三五"国家科技创新规划》,明确提出要抓住全球创新资源加速流动和我国经济地位上升的历史机遇,提高我国全球配置创新资源能力,通过建设联合研究中心、国际技术转移中心,提升企业发展国际化水平,参与国际标准制定,充分发挥国际科技合作基地的作用,推动我国科研机构和企业设立海外研发机构等措施,促进创新资源双向开放和流动。

2. 以项目促进国际科技合作成果落地

项目是科技创新的载体,是科技创新发展的具体支撑,是落实科技合作成果的重要保障。从1986年开始,国家先后出台了一系列科研计划,如火炬计划、高技术研究发展计划、火星计划、重大项目攻关计划、重点成果推广计划、国家重点基础研究发展计划等基础研究项目。2001年,国家科技部设立"国际科技合作重点项目计划",并先后参与了国际热核聚变实验堆计划、全球对地观测系统、人类基因组计划、人类肝脏蛋白质组计划、可再生能源与新能源国际合作计划等重大国际科技合作项目。通过科技项目实现国际科技合作成果落地,形成集中力量、协同攻关的科技合作机制,开辟了新的产业发展方向和重点领域,为经济增长提供了新的驱动力量。

3. 推进国际科技合作关键环节建设

在科技全球化的背景下,专业国际科技组织在开展软科学和政策研究、组织培训、开展横向交流与合作、科技合作咨询和中介服务等活动中发挥着不可替代的作用,促进了科技创新资源的全球化流动和科技创新合作关系的形成与发展。1986年颁布的《关于参加国际科技组织的若干规定》，鼓励积极参加符合条件的专业国际科技组织，并于1998年马来西亚吉隆坡召开的第六次领导人非正式会议上建议制定《走向21世纪的亚太经合组织科技产业合作议程》，为国际科技合作提出了重要的建设性意见，得到了参会领导人的赞同。此外，为保护国际科技合作创新成果，激励技术创新，我国积极参与知识产权保护国际合作。1995年，国家科学技术委员会发布《关于对外科技合作交流中保护知识产权的示范导则》，指导国际科技合作中的知识产权相关问题。在知识产权国际保护方面，我国已经加入《成立世界知识产权组织公约》《保护工业产权巴黎公约》《专利合作公约》《国际承认用于专利程序的微生物保存布达佩斯条约》《商标注册用商品与服务国际分类尼斯协定》《建立工业品外观设计国际分类洛迦诺协定》《国际专利分类斯特拉斯堡协定》《商标国际注册马德里协定的议定书》等综合性知识产权保护和管理国际公约，提高我国知识产权保护水平，提升我国科技创新主体国际话语权。

（二）深圳推动国际科技创新合作向纵深发展

在国家科技合作战略的指导下，深圳作为改革开放的窗口，围绕建设现代化国际化创新型城市，先后发布《关于实施自主创新战略　建设国家创新型城市的决定》《关于加快建设国家创新型城市的若干意见》《关于努力建设国家自主创新示范区　实现创新驱动发展的决定》《深圳经济特区技术转移条例》《深圳国家自主创新示范区建设实施方案》《关于促进科技创新的若干措施》等一系列政策，在人才引进、平台建设、工作机制、合作领域、技术转移、境外布局等方面提出加强海内外科技交流与合作、广聚创新资源、积极完善高新技术产业链的具体措施，落实国家"一带一路"倡议。

纵观深圳市对国际科技创新合作的政策支持，呈现以下特点。

1. 推进以国家、省、市战略为导向的国际科技合作

自2012年深圳市获批作为国家自主创新示范区以来，围绕创建创新驱动发展示范区、科技体制改革先行区、战略性新兴产业聚集区、开放创新引领区和创新创业生态区五大目标，通过集聚国际创新资源，充分发挥国际科技合作在国家科技创新体系中的重要作用，实现科技创新从跟跑者

向并跑者、领跑者迈进，为国家战略目标服务，提升国家整体科技创新实力。

2. 企业在国际科技创新活动中发挥积极作用

深圳市聚集了一大批具有较强科技创新活力的企业，包括华为、中兴、腾讯、大疆等。深圳市充分利用企业资源，政府通过搭建国际科技信息交流平台、科技成果转化平台，鼓励企业"引进来，走出去"，引进国外先进技术、先进项目及人才，并鼓励在海外设立研发机构，把握海外市场、技术等信息，提升科技型企业的国际竞争力，促进科技创新体系主体多元化，进一步完善科技创新体制。

3. 从"单向技术引进"转向"双向创新资源交流"

随着深圳市科技创新成果不断积累，创新载体不断发展，创新体制不断完善，深圳市科技创新国际话语权不断加强，国际科技合作的模式逐渐从单向引进机器、设备、仪器的操作技术，产品设计方法和生产工艺等，转到双向技术、信息等创新资源交流，在及时把握世界先进科技发展方向的同时，获得目标国家的自然、人力、市场、战略等资源。

4. 政策集中在科技创新及成果产业化的关键环节施力

深圳市国际科技合作政策推动形成了以科研人才、科研项目、科研载体等构建的科技成果创新链，以知识产权保护立法、执法和行政管理等构建的科技成果保护链，以国际科技信息交流平台、科技成果交易平台、孵化机构等构成的科技成果产业化和商业化服务链。政府不断完善国际科技合作创新产业链，为科技创新持续发展提供保障。

二 深圳开展国际科技创新合作的主要成果

在国家、省、市各级国际科技合作政策的支持下，经过近40年的实践和探索，深圳以国际科技合作机制创新为保障，形成了完善的国际科技合作体系。目前，深圳市政府充分利用国家对外科技合作的有关资源，在贸易合作的基础上，与40多个国家和地区等建立了对外科技合作关系，与芬兰等9个国家签署科技合作协议，与硅谷、以色列等国家和地区搭建8条"创新创业直通车"，构建起信息、技术、知识、人才等海内外科技创新资源顺畅流动的国际科技合作基本格局，形成了良好的国际科技合作环境。

（一）充分利用北美国家科技优势，强化重点领域的科技创新合作

北美国家科技创新活动起步早、水平高，已经积累了一系列先进的科学理论和创新管理方法。通过与北美国家科技合作活动，能够了解互联网、新一代信息技术、3D打印、新材料等前沿领域的科技水平和发展动向，学习先进的创新管理方法和体系。2007年，深圳市与加拿大艾伯塔省签署了科技合作备忘录。根据备忘录的规定，双方下一步研发合作内容包括促进产业与公共研究机构的紧密联系和合作，以及在中国与北美双方同意并可行的领域进行产业化合作；鼓励科研机构在双方具有共同利益的领域开展合作；在电子通信、生命科学、纳米技术和可替换能源领域探寻项目合作机会，鼓励技术创新。通过与美国、加拿大等北美国家的科技创新合作，加快提升优质国际创新资源配置流动性，有效推动深圳科技创新成果转化，推动产业升级，优化产业结构。

（二）借助欧洲国家高科技战略计划，提升深圳的自主创新能力

自德国政府在《德国2020高技术战略》中提出工业4.0以后，深圳积极加强与全球制造业强国的科技合作以及在先进制造业领域的实务合作，积极从劳动密集型生产模式向以"智能工厂""智能生产"为主题的高科技生产模式转变，为"深圳质量"提供技术和生产模式支持。

深圳与中东欧国家产业结构互补性强，中东欧国家在基础设施建设方面有着广泛的硬性需求，深圳的科技企业具备充足的研发实力和制造业装备生产能力，可以提供产品、技术、管理等，参与当地基础设施、产业园区等领域的建设。特别是在"一带一路"倡议的引领下，深圳积极与中东欧国家开展广泛的科技合作，为深圳企业"走出去"搭建了高层次对接平台。

为吸引匈牙利在环保、新能源、水资源管理等优势领域的高新技术和科研人才，2013年11月18日上午，由深圳市投资推广署主办、匈牙利技术中心协办的深圳—匈牙利高新技术投资合作项目签约会在深圳会展中心郁金香厅成功举办，来自匈牙利和深圳的企业、部门共签署了4项投资合作协议，项目意向投资额达20多亿元，进一步实现优势互补，推动深圳经济外延发展。深圳与波兰也积极寻求合作的机遇，探讨合作的路径，拓

展合作的空间，并于 2014 年 3 月与波兹南市签署了两市文化创意产业友好交流合作备忘录，以及深圳大学、密茨凯维奇大学合作协议，华大基因、波兹南诊疗中心共同为患者提供基因检测服务合作协议等。

2014 年 3 月 24 日，深圳与保加利亚保普罗夫迪夫市正式签署了友好城市协议，双方将在电子信息、生物农业、精密制造以及文化、教育、体育、卫生等多个领域进行全面合作。当天，40 余家中国企业和 60 余家保加利亚企业参加了投资合作洽谈会。5 家深圳企业与保方公司签署协议，包括华为技术保加利亚公司与保 SIENIT 联合股份公司共同开发智能工业园区的协议。其他协议涉及生物医疗、医疗器械等领域的合作。2016 年 6 月 14 日，深圳市波特控股有限公司联合保加利亚 SIENIT 联合股份公司，在保加利亚第二大城市普罗夫迪夫市共同打造的"波特城·欧洲总部"项目在五洲宾馆举行签约仪式。该项目占地 260 万平方米，总建筑面积 500 万平方米，固定资产总投资超 20 亿欧元，将建设亚欧商贸垂直平台，是深圳企业落实"一带一路"倡议的一项成果。深圳与欧洲国家广泛开展的科技合作活动，拓宽了深圳在欧洲的创新合作网络，与各国家和地区在资金、设备、人力等科技创新资源方面实现优势互补，促进科技水平提升，增强整体科技实力。

（三）扩大与亚洲国家的高技术产业合作，拓展国际科技创新合作空间

深圳与韩国、日本、印度尼西亚、泰国、以色列等亚洲国家和地区的科技合作活动涵盖精细化工、机械制造、生物医疗、电子信息等高新技术领域，并不断深化国际科技合作层次，探索合作方式，开辟合作渠道，呈现出蓬勃发展的态势，对于促进深圳与亚洲其他国家和地区的科技创新能力提升发挥了重要作用。

早在 2004 年 10 月，深圳市科技和信息局与泰国国家科技开发署分别代表深圳市政府和泰国科技部，在深圳市高新工业园区正式签署了两地全面科技合作备忘录。这标志着两地科技合作迈入了一个崭新的阶段。该备忘录内容涉及两地全方位的科技合作与交流，强调发展互利合作的关系，指出双方应加强在高科技产品研发和 IT 市场开拓的合作，积极协助对方企业在本地开拓市场，支持和鼓励对方科技型中小企业在本地的发展。"一带一路"倡议实施后，深圳与泰国的国际科技合作进一步深化。其中，

华为公司在曼谷设立科技和创新实验室,为中小型和初创企业提供服务,顺应泰国政府创新经济发展方向,实现互利共赢的科技合作局面。

2009年7月,由深圳市科技和信息局、韩中科学技术合作中心共同主办的2009(深圳)科技政策研讨及项目推荐会在五洲宾馆举行,双方就区域创新体系、国际科技合作、高新技术产业发展等领域进行深入交流。在本次会议上,深圳市科技和信息局刘忠朴局长、韩国科学技术政策研究院林基哲副院长作为双方代表正式签署了《深韩科技合作备忘录》,深韩在科技政策研究方面的相互合作是这一备忘录的亮点。同时,韩国也带来了家庭用智能型自律行走机器人视听觉信号处理技术、用于癌/心血管疾病早期诊断的生物传感技术等50项先进科技合作项目现场配对。

2016年5月,深圳代表团访问印尼期间,专门与印尼国家投资委员会副主席哈塔比会商合作事宜,就合作领域特别是产业园区建设进行了深入探讨。该产业园采用企业合作共建方式,力争在5—10年内打造成以电子信息、中高端医疗设备等产业为主,涵盖光伏设备制造及其他产业的国际性产业示范区,并通过增强服务贸易功能,进一步将其提升为综合保税区或自由贸易区,为中国企业赴印尼投资搭建重要平台。

三 深圳国际科技创新合作的主要典范

(一)美国

美国作为全球科技政策体系最健全、科技水平领先的国家之一,一直引领着技术升级的方向,并依靠强大的技术、资金、人才优势,推动着产业技术的升级换代。美国高科技产业呈现城市聚集的特征。2015年6月8日美国智库布鲁金斯学会发布的一项研究结果显示,圣荷西(San Jose),加利福尼亚州,硅谷的中心城市,高科技行业就业29.2万人,占比30%,拥有18种高科技行业,主要为制造业;西雅图(Seattle),华盛顿州,高科技行业就业29.5万人,占比16%,拥有微软、波音、亚马逊等知名企业,以软件、高科技制造业等著称;底特律(Detroit),密歇根州,高科技行业就业27.95万人,占比14.8%,除传统的汽车制造业以外,电子工业、计算机产业、研发服务业等正迅速发展;休斯敦(Houston),得克萨斯州,高科技行业就业36.1万人,占比12.8%,被誉为世界能源之都,能源行业发达，引领着全球石油勘探、开采技术的发展潮流。为积极推行产业国际化、科技合作国际化，及时掌握世界科技发展趋势，提高科技实力整体水平，深圳市分别于 1986 年 3 月 11 日、2010 年 11 月 8 日、2015 年 6 月 25 日、2016 年 11 月 16 日与休斯敦、洛杉矶、西雅图、底特律缔结国际友好城市。

  西雅图知名产业包括航空航天、信息技术、生物工程、木材加工和渔业等，著名的波音公司和微软公司就落户于此。西雅图港在美国港口集装箱运输中排名前 10，每年运输的货物量达 230 亿吨。西雅图港高达 90% 的进出口货物是来自或运往亚洲国家。深圳与西雅图缔结国际友好城市后，两地将重点加强在经贸、航空、先进制造业、信息技术、生命科学、生物技术、教育、人文交流等领域的广泛交流合作。深圳市政府和西雅图市政府签署了关于开展医学研究和医疗合作的备忘录。双方同意鼓励两市处于世界领先地位的研究机构建立合作伙伴关系，推动双方生物技术行业发展；支持通过建立合作项目吸引并留住世界顶尖的医学研究人员；鼓励两市大学及其他机构建立教育培训项目；支持技术创新，以满足精准医学领域新诊断、新药物和新方法的创新、测试、开发和商业化需求。

  底特律所处的密歇根州是最早开发的工业区，水上、铁路和公路交通发达，运输成本较低，附近煤铁资源丰富，为汽车产业的发展提供了重要的资源基础，诞生了汽车产业集群，聚集了通用、福特和戴姆勒·克莱斯勒等美国三大汽车公司。底特律所在的密歇根州为推动科技产业发展，设立了 21 世纪就业基金，推动生命科学、替代能源、先进汽车、先进制造业、新材料与防务产业等高新技术产业发展。密歇根州提出了"城市创新区"的概念，强调创新要素与空间、社会、经济等社会要素的聚合，打造有利于创新的社会环境。底特律及密歇根州的先进工业体系、雄厚的工业基础和较强的前沿技术开发应用能力，加之深圳市科技创新成果丰富，两地在科技创新领域拥有巨大的合作空间。深圳与密歇根州于 2016 年 5 月签署《深圳—密歇根贸易、投资和创新合作中心合作备忘录》，深圳—密歇根联合创新中心同时揭牌。根据备忘录，双方共建"深密中心"，重点推动技术转移、产学研合作以及人才培养，利用双方创新载体，开展联合技术攻关，并与双方大学、科研机构和企业合作，助力两地科技成果转化与市场开拓。2016年7月1日，南方科技大学、密歇根大学、前沿科技产业管理有限公司签署合作协议，三方将在深圳联合建设无人驾驶示范基地。这是深圳与密歇根州合作的重大落地项目，也是广东首个此类示范基地，投资额预计达100亿元。两地将以此项目和基地为切入点，加强多层次科技交流合作，共同探索智能汽车、无人驾驶、新能源汽车等汽车产业前沿领域。

休斯敦是美国得克萨斯州的第一大城，全美国第四大城市，墨西哥湾沿岸最大的经济中心。休斯敦大都会区的经济增长领跑全美，2014年度产值为5174亿美元，位居全美第四，贡献了该州约三分之一的总产值。2015年度美国500强企业中有26家位于休斯敦，仅次于纽约。休斯敦地区是全球最重要的工业基地之一，也是全球最大的综合医疗机构"得克萨斯医疗中心"所在地，同时是约翰逊航天中心所在地。约翰逊航天中心是美国载人航天飞机的研发基地和载人太空飞行基地及操作、控制中枢，是美国国家航空航天局下属最大的太空研究中心，也是参与国际空间站计划的主要航天中心之一。作为未来能源之都，休斯敦不断加大在传统及可再生能源技术领域的投入。2014年1月，《深圳市与休斯敦市友好城市战略合作伙伴关系备忘录》（以下简称《备忘录》）签字仪式在美国休斯敦市政厅举行。作为深圳首个国际友好城市，《备忘录》的签署将掀开深圳与休斯敦两市合作的新篇章，双方的合作将从经贸、文化等领域向医疗卫生、航空航天产业、港口和物流等领域拓展，以共享发展机遇，推动互利共赢，造福两地人民。按照《备忘录》，深圳市与休斯敦市将进一步发展战略合作伙伴关系，双方将在以下方面开展合作。一是加强友城交往。双方政府高层增进互访，相关政府职能部门保持直接联系；加强两市产业和技术合作，在前沿技术、高端制造、医疗卫生、能源利用、航天航空、港口贸易和工程建设等领域开展多形式交流与合作。二是加强医疗卫生领域合作。充分借鉴得克萨斯医学中心的运营模式，在深圳建设集医学教育、研发、诊疗为一体的医学中心，将休斯敦的医疗技术与深圳的医疗器械生产相结合，实现优势互补；鼓励休市相关的癌症中心、儿童医院、心脏研究所等医疗机构在深圳建立分支机构。三是提供良好的工作环境和政策支持，加强两市在航空航天产业、港口和物流领域的交流与合作。

（二）德国

中德两国科技交流活动和创新合作项目活跃，合作层次和合作水平不断提升。1978年10月9日，中国与德国共同签订《科学技术合作协定》，对双方科技合作方式，如互派人员、组织研讨、合作项目等，以及协调部门工作机制等内容进行了约定。2014年10月，中德双方发表《中德合作行动纲要：共塑创新》，认为在这一框架下建立的中德创新伙伴关系具有全面性和可持续性，涵盖各个合作领域。中德两国互为在各自地区最重要的合作伙伴，愿本着平等、互尊、互利的伙伴精神继续拓展双边关系，这也有利于国际合作。创新伙伴关系在此发挥重要作用。2016年1月双方签署《关于在智能制造（工业4.0）和智能服务领域通过双边科技合作开发和推广创新方案的联合意向声明》，加强中德两国在智能制造和智能服务领域的创新对话。2016年7月26日，中德智能制造（工业4.0）工作组会议在北京举行，会议确立了中德智能制造合作的工作机制，确定了"智能物流"和"智能工厂"为首轮联合征集项目的重点方向。2017年1月11日，科技部国际合作司在京召开中德智能制造科技创新合作平台讨论会。会议倡议成立中德智能制造科技创新合作平台，平台拟针对政府、创新园区、制造商、用户、高校/科研院所五方面需求，围绕区域和产业创新需求，整合合作资源，搭建关键技术研发、试点示范、标准化推广、技术转移等形式的共享对接平台，并初步设定平台近、中、远期工作计划，引导推动中德智能制造合作全面发展。

深圳作为科技创新能力强、科技创新活力旺、科技创新资源丰富的城市，从20世纪90年代即开始与德国开展科技合作活动，并于1997年5月27日与德国纽伦堡地区缔结为友好城市，且分别于2006年9月12日、2008年5月16日、2015年10月28日与法兰克福市、柏林市、汉诺威市缔结为友好交流城市。

2016年9月，中国（深圳）—德国（慕尼黑）经贸合作交流会在德国巴伐利亚州首府慕尼黑举行。交流会共吸引了中德两国180多家企业、260多名企业家参加，签订合作项目13个，涉及工业4.0、职业教育、智能制造、通用航空等领域。2017年5月，"中德微纳制造创新中心"揭牌。"中德微纳制造创新中心"作为在中国和德国微纳米技术领域的机构性合作桥梁,该中心将以德国弗朗霍夫研究所的产学研合作模式为基础,承载众多微纳米高科技企业的合作和孵化机会,其建设目标是成为市场驱动带动科技产业升级发展的一类平台性应用技术研发中心。2017年6月,第三届中德(欧)中小企业合作交流会的延伸活动——深圳(龙岗)峰会在龙岗开幕。国内外企业家、专家赴深圳市龙岗区,继续考察、了解投资环境,并在创新智造未来、绿色发展与工业4.0、中国产业国际合作发展趋势等议题中展开巅峰对话,并达成共建中欧产业技术研究中心及中欧国际产业孵化器等合作协议。①

在平台建设方面,深圳市积极推进科技创新资源聚集平台,促进与德国的科技创新合作。其中,位于深圳市龙岗区的德国小镇项目是中欧可持续城镇化伙伴关系的旗舰项目,计划将该项目打造成中欧科技合作的"创新港"和我国中欧合作示范项目。根据相关规划,"德国小镇"将为优质产业集群、创新研发平台、技术转移平台等提供空间;建成集居住、产业、办公、商业、医疗于一体的产城融合典范;目标是打造成具有绿色、创新、欧洲范要素及风格的宜居宜业小镇。② "德国小镇"落户深圳东北门户坪地街道六联社区,将由项目所在的六联社区、龙岗区城投公司、欧洲易赛三方合作成立公司,采用整村统筹、城市更新等方式建设,确保各方利益共享。德国小镇(环德城)规划功能主要包括展示中心、培训中心、创新中心和园区综合配套四大功能,建成后将引入15—20个优秀产业项目。

在合作机制方面,深圳为深入推进与德国合作,整合优质科技创新企业资源,积极组建科技、产业发展联盟,优化资源配置,促进企业优势互补,拓展发展空间,提高产业和科技竞争力。如深圳市宝安区将区内有升级需求和发展空间的优质制造企业集合起来,抱团发展,汲取德国制造业优秀发展经验,共同拓展德国市场发展空间,筹建"深圳市宝安中德(欧)产业发展合作联盟"。此外,宝安区还分别与揭阳市、顺德区等在

---

① 徐炜、仪丽霞:《"龙岗智造"精准对接德国工业4.0》,《深圳特区报》2007年6月15日。
② 陶清清、艾海建:《龙岗:"绿色低碳"引领创新发展新格局》,《南方日报》2016年6月20日。

对德合作方面有较好基础和成就的地区签订了战略合作框架协议,并加入中德工业城市联盟,专门制定了《宝安区推进对德产业合作实施方案》,与联盟双边各城市共同努力,积极推动双边政府交流,促进民间经贸往来及企业间的友好合作。

在人才培养方面,龙岗区职业培训学校、德国吉森大学德中国际交流培训中心、深圳爱华教育科技集团联合举办龙岗中德职业学校,开设智能制造、3D打印、机器人、互联网、汽车制造等专业。未来,这里一方面将为产业发展输送合格的技能人才;另一方面,可大规模、高质量地推进对现有企业员工的学历和技能提升,同时为深圳市打造国际一流的职业教育体系做出贡献。

(三)以色列

以色列作为新兴工业化国家,虽然资源贫乏,缺少大部分基本原材料,十分不利于发展传统工业,但是以色列政府把工业开发重点放在高增加值制成品上,并以科学创造和技术革新为其发展基础。为鼓励高新技术发展,以色列政府专门出台了《鼓励研究与开发法律》《鼓励投资法案》等一系列政策法规,给投资者和创业家提供多种优惠,包括优厚的投资津贴、政府贷款保证、免税额等。在政府的努力下,以色列逐步建立了政府—大学—企业为主干的科研工作体系。以色列政府各部门都有自己直属的研究机构,主要担负一系列攻关型、尖端型研究项目。[1] 以色列高新技术产业发展举世瞩目,在电子、通信、计算机软件、医疗器械、生物技术工程、农业以及航空等领域均居世界领先地位。在科技活动管理方面,以色列政府针对市场失灵主动干预,直接介入中小企业的孵化和竞争前研发,通过提供绝大部分种子投资,承担市场不愿承受的风险。同时,引导和督促私有孵化器提供各种专业的创业支持,帮助这些企业走出死亡陷阱,提高市场生存能力和竞争能力。[2]

在深圳企业对外投资不断向价值链高端延伸、深圳高科技产业国际化

---

[1] 张佳彬:《弹丸小国以色列何以称雄中东》,《华人时刊》2002年第3期。
[2] 吴汉荣等:《以色列技术孵化器私有化模式的理论分析及启示——基于交易成本经济学的视角》,《科技管理研究》2012年第18期。

和科技合作国际化的过程中，深圳市积极推动国际化园区、园区企业与以色列专业机构、企业、创业团队、研发中心等在联合创业、孵化加速、联合攻关、技术转移等方面的深度合作。2012年9月10日，深圳与以色列海法市缔结友城关系。海法市拥有以色列最大、最早的工业园区，很多本国及国际的高技术公司如英特尔、微软、谷歌、飞利浦及IBM等均在此设有分公司，进行生产与研发。海法拥有许多大学，包括海法大学和以色列理工学院。

以色列当地时间2015年6月8日上午，由深圳市投资推广署主办，现代商业发展研究中心、以色列HERZOG FOX & NEEMAN律师事务所协办的"2015中国深圳—以色列创新创业合作交流会"在以色列首都特拉维夫成功举行。会议上，以色列HFN律师事务所、现代商业发展研究中心、深圳市天安云谷产业园区，在深圳市投资推广署、以色列经济部中国事务部、以色列出口与国际合作协会共同见证下，签署了三方战略协议，三方将重点加强两地技术转移合作、投资推广网络和企业落地服务等方面的交流合作，标志着"深圳—以色列创新创业直通车"正式开通。"创新创业直通车"项目，将按照"政府支持、园区主导、市场整体推进"原则，积极推动深圳市国际化园区、园区企业与以色列专业机构、企业、创业团队、研发中心等在联合创业、孵化加速、联合攻关、技术转移等方面的深度合作。

2016年上半年，以"中以文化传承与科技创新"为主题的首届中以大学校长论坛在耶路撒冷举行。论坛上，深圳市坪山新区管理委员会、清华大学、以色列著名医疗投资机构ALON Medtech Venture、华夏幸福基业股份有限公司共同签署《清华大学中以创新创业基地合作伙伴协议》，中以创新创业基地落户深圳。中以创新创业基地将按照政府—高校—企业联动创新的模式，借助顶尖高校的科技成果转移转化平台，引入以色列高新技术领域的顶级孵化机构，全面整合国际高端交叉创新资源，筛选具有广阔市场前景的高新项目到国内集聚，合力打造中以创新创业基地，并从"供给侧"推动地方产业结构深度优化。①

2017年7月12日，"中国—以色列国际创新中心建设合作备忘录"签

---

① 《坪山新区成为风投"新宠"》，《深圳商报》2016年6月27日。

约仪式在深圳市福田区举行。创新中心将充分利用以色列的专利进行产业化运作，协同各合作方在项目孵化、金融服务、产业集群建设方面的优势资源，在福田打造具有较大影响力的国际创新中心。福田将在创新落户上给予产业空间的支持，在中以创新种子基金中配置政府引导资金，对创新中心的发展给予全方位的政策支持。该平台可以将中国香港的市场优势、法治优势、科研技术优势、国际化生产环境优势和中国内地、深圳的巨大市场及完善的产业链完美地结合起来，是中国开展国际合作"走出去"的一个最佳平台。

（四）芬兰

芬兰在信息科学、生命科学、能源和再生能源科学、新材料、空间科学、海洋科学、环境科学以及管理科学等领域发展迅速，并形成从教育和研发投入、企业技术创新、创新风险投资，到提高企业出口创新能力的一整套较为完善的自主创新体系。[1] 芬兰的国家科技创新体系，开始组建于20世纪90年代中期。在机构设置方面，芬兰投资于研发的主要国立机构是芬兰国家技术创新局。该局由芬兰贸工部于1983年创立，用于鼓励并推动企业和科技团体以及制造商、供应商、顾客和终端用户之间的合作。在科技合作目标方面，着眼于高质量的研究和创新，持续发展创新环境，积极加强与北部地区和波罗的海地区的科技合作，鼓励商业企业参与欧盟研究开发合作与成果利用。[2] 芬兰国家创新体系通过政府支持降低了企业参与研发活动的风险，同时也注重与科技活动和产业、市场的结合，提高科技成果转化效率。

2009年高交会期间，深圳南山区政府和赫尔辛基大区投资促进局签约启动了中芬创新中心项目。2009年11月17日，芬兰赫尔辛基大区投资促进局（GHP）和深圳市南山区人民政府在第十一届中国国际高新技术成果交易会期间正式签订中国（深圳）—芬兰金桥创新中心的项目投资合作谅解备忘录。双方政府承诺将在2010年第一季度前共同建设位于芬兰赫尔辛基大区的中国（深圳）—芬兰金桥创新中心，为中国客户提供市场进入

---

[1] 张晓青：《创新 全球提升国力的竞赛》，《创新科技》2016年第5期。
[2] 陈强：《主要发达国家的国际科技合作研究》，清华大学出版社2015年版，第73页。

咨询，在芬兰注册企业、办公场地租赁和办公服务，以及推荐项目合作伙伴，提供资金支持和法律法规咨询等服务。金桥创新中心还将为有志于在芬兰进行研发合作或进行创新项目的中国企业和研究院校提供来自双方政府的优惠政策和资金。

2013年6月10日，深圳与芬兰首都赫尔辛基市共同签署友好交流合作备忘录，两市正式结为友好交流城市。作为沟通欧亚、东西方文化交融的世界知名城市，赫尔辛基的加入成为深圳构建友城网络的重要一环。根据双方签署的备忘录，两市将在经贸、文化、科技、金融服务、旅游、教育等方面开展多种形式的交流与合作。特别是同样作为重要的港口城市，作为被国际组织评定的"设计之都"，作为致力于建设智慧城市、注重可持续发展的绿色之城，两市将重点开展在港口物流、创意设计、新能源的研发应用及低碳城市建设方面的合作交流。时任深圳市市长许勤还代表深圳市政府向赫尔辛基市赠送了深圳大运会火炬和两个大运留学基金的资助名额。

2015年6月9日下午，深圳市投资推广署王有明署长会见了芬兰驻华公使高宝兰（Ms. Paula. Parviainen）女士带领的芬兰贸易代表团一行，就加强芬兰与深圳在创意设计、绿色科技等领域合作进行了交流，就共同推动建设芬兰贸易协会与中芬设计产业园的创新创业直通车联动机制达成一致意见，以积极引进芬兰先进技术、高端团队等国际创新资源，推动深圳优秀企业进一步转型升级和创新发展。

深圳广泛参与国际科技合作活动，并不断拓展新的科技合作渠道，发展新的科技合作方式，搭建新的科技合作平台，为企业、高校、科研机构等创新主体充分利用全球人才、技术、资本、信息等科技创新资源提供便利，有助于增强深圳创新主体科技创新能力和活力，提升企业的国际竞争力，有助于树立深圳企业在国际上的良好形象，有助于深圳产业结构调整和产业升级，做好"一带一路"倡议排头兵。

第三节　深港澳台及国际科技合作模式再创新

40年来，深港及国际科技合作范围由点到面不断扩大，从"三来一补"扩大并深入高新技术产业，在产业链条上不断深入，形成多个国家和地区共同发展的态势。深圳市政府、高校、科研机构、企业等国际科技合作主体不断为科技创新提供国际化、高端化技术人才和技术成果资源，为提高深圳市自主创新能力、增强国际科技领域话语权提供了强大资源保障。

一　完善顶层设计，统筹推进科技创新合作

科技合作特别是国际科技合作，具有政策上和技术上的复杂性。究其主要原因，一是科技合作本身涉及多学科、综合性技术领域；二是科技活动本身具有周期性、研发投入大的特点；三是国际科技合作活动受政治、经济、文化、人才、产业发展等多种外在因素影响，涉及科创、教育、财政、税收、法制、市场、经济信息等多个职能部门。因此，加强顶层设计，将国际科技合作列入城市发展规划，明确国际科技合作的意义和目标，做出宏观战略设计和政策配置，是推动国际科技合作的关键步骤。

为完善区域创新体系，提高高新技术产业的核心竞争力，推动深圳市高新技术产业持续快速发展，深圳市委、市政府发布了包括《关于完善区域创新体系推动高新技术产业持续快速发展的决定》《关于贯彻落实〈中共广东省委　广东省人民政府关于加强建设科技强省的决定〉的实施意见》等在内的一系列政策，提出"加强科技交流与合作，大力吸引海内外研发机构"的要求，并提出安排资助与海内外科技合作、科技交流的专项资金，通过审批、申报、出入境、土地使用、项目研发、知识产权保护以及税收等方式鼓励海内外大企业在深圳市设立研发机构。深圳正在制订《深圳市建设海外创新中心工作方案》，着手在全球创新资源集聚的国家和地区布局建设海外创新中心，包括美国、欧洲、以色列、加拿大等地，致力于海外科技项目落地、海外高端人才引进、本土企业海外拓展及扩大深圳科技、产业影响力等创新创业活动，服务于深圳科技、产业发展。计划到2022年，海外创新中心将成为深圳乃至全国创新资源的重要来源和中国布局在全球科技生态圈的合作枢纽，助力深圳发展成为具有世界影响力的国际创客中心和全球科技、产业创新中心。

国际科技合作顶层设计应立足于特定地区的经济科技资源特点和环

境，围绕优势互补、共同发展、提高科技国际竞争力的总体目标，提高科技创新活动与经济、产业、文化政策的匹配度，注重科技资源储备、科技人才储备，充分运用税收、经费管理、资质认定、审批程序、人才出入境等政策工具，全面保障国际科技合作活动。

二 转化地缘优势，整合海内外科技创新资源

深圳依托珠三角的科技资源和自然资源，吸收、发挥区域资源优势，并将区域优势转化为创新优势。地缘优势是深圳经济发展和科技合作的基础。一方面，吸纳相关区域的资源优势和发展效应；另一方面，又把自身成长扩展到周围地区，使珠三角形成一个联动的整体。此外，毗邻于科技市场化程度较高的我国港澳地区，借鉴两地在科技转化生产力、以科技来推动经济发展方面的成熟经验。在深圳建立国际技术转移中心，布局区域科技创新体系，可发挥国际技术转移中心的科技辐射作用，利用香港国际信息及金融中心优势，将其作为技术输出、国际技术输入的最佳通道，积极参与到国际分工和国际市场中，带动地区产业创新能力的提升和发展。

三 打破资源流动限制，探索科技创新成果合作转化机制

开放创新理论的本质是打破资源流动的边界限制，有效整合各科技创新主体的创新资源，同时探索科技创新成果商业化和市场化机制。根据开放创新理论，科技国际合作平台因其具有增强科技信息透明度、整合创新资源、辅助科技创新主体等功能，能有效克服信息不对称、连接信息孤岛，是完善跨国、跨地区科技创新体系并实现科技资源共享的基础性工作机制，是落实国际科技合作宏观政策的重要工具。

中国国际高新技术成果交易会（简称高交会）等平台，集成果交易、产品展示、高层论坛、项目招商、合作交流于一体，重点展示节能环保、新一代信息技术、生物、高端装备制造、新能源、新材料、新能源汽车等领域的先进技术和产品，推动高新技术成果商品化、产业化、国际化以及促进国家、地区间的经济技术交流与合作，并积极发挥在高新技术领域的"行业风向标""技术风向标""创新风向标"的作用，争取在国际科技交流合作中占据主导地位。此外，为完善产业链建设，推动高新技术合作成

果落地，驱动经济发展，深圳建设了深圳国际科技商务平台，引进了英国、美国、俄罗斯、以色列、匈牙利、卢旺达等34个国家和地区的47家驻外机构，553个企业和项目落户深圳，协助178家深圳企业在境外设立公司或机构，帮助611家深圳企业、机构同境外建立了科技商贸合作关系。深圳国际科技商务平台作为专业的国际科技合作组织，助力深圳企业出口累计金额20亿美元，进口累计金额3.7亿美元。

通过中国国际高新技术成果交易会、国际科技合作商务平台等国际科技合作平台，构建包括科技成果产生、科技成果展示、科技成果孵化、科技成果产业化和运营的全链条式平台，结合创新政策、宣传和推广政策，能够提高技术更新效率，推进关键性和共性技术跨国、跨区域合作攻关，避免重复性劳动，高效推动高新技术产业优化升级。

四 注重人才引进，促进科技信息的跨界流动

为加强国际科技合作，深圳市注重吸引海外杰出科技人才及优秀团队来深、留深。随着深圳参与国际化、全球化科技创新活动程度加深，科技成果产生、科技成果孵化、科技成果产业化都离不开国际化的人才，兼具国内外背景的人才储备至关重要。大多数留学人员学习理学、管理、经济、工学等专业，为各行业各领域的优秀人才，均处于创新创业的黄金年龄，视野开阔，勇于创新，符合深圳这座年轻城市的特质，对深圳建设现代化国际化创新型城市将起到积极作用。同时，深圳的政策环境、全球化程度、包容开放度、经济市场化、科技成果平台都在逐步接近世界先进水平，吸引大批留学生来深工作。其中，深圳市留学生创业园由市政府于2000年10月在深圳高新区设立，是市政府吸引海外留学人员回国创业、扶持留学生企业发展的重要平台，被国家人社部批准为与深圳市政府共建的"中国深圳留学人员创业园"，被国家科技部认定为"国家高新技术创业服务中心"，并孵化出了以朗科、迅雷为代表的数百家优秀企业和优质项目。在此基础之上，园区不断创新工作机制。2015年6月正式成立留学生创客中心，打造全新的孵化器模式，以TMT（科技、媒体和通信）等高增长型行业为主，为创客提供免费场地、免费创业导师服务、投融资对接、产业对接、互助互学氛围服务。截至2016年底，深圳市共建成22个

留学人员创业园、8个产业园，总孵化面积872万平方米。深圳市留学人员创建或参与创建的企业总数达4000多家，年产值超千万元的留学人员企业208家，年产值超亿元的留学人员企业60家。

五 以市场为导向，充分调动企业参与科技合作的积极性

在全球化、国际化日益深化的时代，国际经济与科技交流合作，企业是主体也是载体，是国际科技创新中最活跃的因素，也是技术创新最主要的力量。深圳聚集了一批具有国际竞争力、能够主动开展国际科技合作的科技企业。华为、中兴通讯、迈瑞、比亚迪、光启等一大批高科技企业，通过在美国、法国、瑞典、印度、德国、俄罗斯、英国、新加坡、新德里、以色列、布拉格、奥斯陆、坎帕拉、布琼布拉、开普敦、多伦多、基督城、阿什伯顿等国家和地区建立联合创新中心、海外分支机构、海外研究中心，以收购国外研发机构等形式灵活地满足全球不同运营商和企业客户的差异化需求，快速获得更多领先科技创新资源，实现科技合作跨国化发展，汇聚国际领先的科技创新技术和管理理念，完善全球市场布局。

通过在海外设立研发中心、并购海外研发机构、引进海外技术人才和团队、联合项目攻关等模式，通过税收等政策优惠，吸引跨国公司将技术、资金本地化，开展多层次的国际科技合作，在掌握海外技术信息和市场信息、拓展海外市场的同时，学习、掌握、自主创新关键技术和商业运作模式，推动企业快速成长，实现管理模式、生产模式、营销模式的升级，从整体上增强国际竞争力。

六 完善科技创新合作机制，实现科技创新资源的双向流动

在开展国际科技合作发展过程中，针对不同阶段的不同战略定位和现实基础，采取不同的科技创新资源流动策略。在深圳市科技合作初期，在全球产业转移的大背景下，深圳通过承接来自我国港澳台、其他国家和地区的加工制造业，逐渐发展出"三来一补"的经济发展模式。在这一阶段，外资有助于直接运用国外成熟的生产技术实现经济增长，开启工业化进程，但也造成深圳市的产业处于价值链低端，传统制造业升级动力不足

等弊端。随着深圳市产业结构持续升级，科技创新资源持续优化，科技创新和管理经验持续积累，企业等创新主体也愈加重视科技创新资源的"走出去"。在以开放性为重要特征的国际科技创新体系中，科技创新输出有助于占据更主动的市场地位，树立深圳企业在国际市场中的良好形象，提升企业整体竞争力。科技资源的输出，有助于拓展市场空间，优化产业结构，争取技术来源，是深圳发展外向型经济的必由之路，是深圳企业积极参与经济全球化进程的重要措施，是增强深圳市整体科技创新能力的重要条件。

在开放创新理论和实践的影响下，深圳市通过与国外创新主体建立长效合作机制，完善科技、信息和数据共享机制，加强科研人才交流和学习，搭建国际化科技成果转化平台等措施，实现科技资源的双向流动，一方面，积极利用国外先进技术、信息、知识、人才等科技创新资源，积极学习先进的科技成果转化模式和管理方法；另一方面，也要积极引导科技创新资源输出，突破国际贸易壁垒，利用当地的市场和资源基础，促进对外经贸关系发展，加快产业优化进程，实现深圳市经济可持续发展。

第四节　深港澳台及国际科技创新合作未来展望

深港澳台及国际科技创新合作是深圳科技创新再上新台阶的重要途径。在科技创新活动全球化背景下，深圳与港澳台及国际科技创新合作应主动布局，持续深化，发挥科技创新资源优势，持续为"一带一路"提供动力和支撑，促进粤港澳大湾区协同发展。

一　主动布局未来，适应科技创新活动全球化趋势

20世纪90年代以来，科技全球化迅速发展，日益成为经济全球化的重要表现形式。特别是在全球经济发展动力已经从要素驱动、投资驱动转向科技创新驱动的背景下，劳动力、知识产权、风险投资、技术标准等科技资源全球流动速度加快，互联网等新技术的发展为跨地域合作与协调提供了工具保障，国内、国际科技创新呈现开放性和共生性特征。选择跨区域、跨国科技合作，补足本地区、本国科技资源短板和不足，提升自身国

际竞争力，已经成为经济可持续增长的战略选择。

一方面，科技全球化是科技创新活动自身发展的客观要求。20世纪90年代，《自然》周刊刊登的英国赛萨克斯大学科学政策研究文章中指出，科技合作与日俱增可能归因于科学系统的内在过程。20世纪60年代，美国物理学家温伯格、美国科学史家普赖斯先后提出"大科学"的概念，认为现代科学已经从近代以前的小科学变化为大科学。"大科学"指的是科研难度大，需要复杂的实验仪器设备和庞大的信息支撑系统，依赖国际技术与资金资助的知识系统，具有高度探索性、创新性、复杂性、综合性、组织性、智能性和风险性。因此，在全球范围内开展科技合作，有助于降低单个创新主体所面临的研究风险，同时能够避免重复研发，提高科技创新效率。

另一方面，科技合作有助于优化科技创新资源配置结构，提高科技创新主体创新能力。科技创新主体的全球化布局有助于畅通信息沟通渠道，提高组织内成员的科技技能，并随着科技合作组织化程度的提高，可以进一步平衡成员间的谈判地位，提高交易效率，降低交易成本。具体而言，参与科技全球化的科技创新主体开展科技合作动机呈现多元化特征，如使用专用设备，获得特殊技能和材料（如化合物），获得知名度和酬劳，提高时间、劳动力使用效率，获得经验、培训，提高生产效率、熟练度，避免竞争，消除信息孤岛，获得评价和激励等。[1] 因此，与采取内部扩张方式相比，采取科技合作战略，既不会损失单个独立的创新主体所具备的创新行为优势，又可以获得优质的创新资源优势，从而达到创新活力和创新规模经济的有机结合。[2]

二 深化合作，为"一带一路"提供动力和支撑

推进"一带一路"建设是我国政府根据时代特征和全球形势提出的重大倡议。2015年3月28日，经国务院授权国家发改委等三部委联合发布

---

[1] De Beaver D., Rosen R., "Studies in Scientific Collaboration: Part II. Scientific Co-authorship, Research Productivity and Visibility in the French Scientific Elite, 1799–1830", *Scientometrics*, Vol. 1, No. 2, 2000, pp. 133–149.

[2] 李新安：《产业集群合作创新优势的演变机制研究》，《科技进步与对策》2017年第2期。

了《推动共建丝绸之路经济带和21世纪海上丝绸之路的愿景与行动》，正式启动了"一带一路"的进程，也开创了我国全方位对外开放的新格局。

面对经济全球化的发展趋势，面对世界经济结构深化调整的现状，"一带一路"沿线国家和地区必然要积极适应国际竞争新形势，大力推动科技创新，驱动经济转型升级，实现合作共赢的发展目标。第一，我国与许多沿线国家发展阶段类似，发展需求和条件有共同之处，在发展路径的选择上容易达成共识。第二，科技创新在与沿线国家开展国际合作中具有先行优势，已成为政策沟通、设施联通、贸易畅通、资金融通、民心相通的关键支撑。第三，科技创新在支撑"一带一路"建设中已发挥了积极作用，并取得良好成效。我国与大多数沿线国家建立了较为稳定的政府间科技创新合作关系，与沿线国家共建了一批科研合作、技术转移与资源共享平台，广泛举办各类技术培训班，接收大批沿线国家杰出青年科学家来华工作。同时，"一带一路"沿线国家和地区科技发展水平不同，科技体制和机制差异大，科技创新优势不同，要充分调动发挥各国家和地区在科技创新方面的优势，就要积极探索科技创新合作路径，增强科技合作的深度，扩大科技合作的广度，打造多元化、多层次的科技创新合作机制，实现互联互通、共同发展的战略目标。

为全面发挥科技创新在"一带一路"建设中的引领和支撑作用，打造发展理念相通、要素流动畅通、科技设施联通、创新链条融通、人员交流顺通的创新共同体，科技部等多部委联合发布《推进"一带一路"建设科技创新合作专项规划》和《"一带一路"科技创新合作行动计划》。2017年5月14日，国家主席习近平在北京出席"一带一路"国际合作高峰论坛开幕式，并发表题为"携手推进'一带一路'建设"的主旨演讲。习近平主席提出，要坚持创新驱动发展，加强在数字经济、人工智能、纳米技术、量子计算机等前沿领域合作，推动大数据、云计算、智慧城市建设，连接成21世纪的数字丝绸之路。我们要促进科技同产业、科技同金融深度融合，优化创新环境，集聚创新资源。在演讲中，习近平主席宣布启动"一带一路"科技创新行动计划，开展科技人文交流、共建联合实验室、科技园区合作、技术转移4项行动。

作为创新驱动发展战略的重要措施，作为"一带一路"建设的重要内容，科技合作活动有助于拓宽沿线国家的合作网络，催生重大科技创新成果，提高国际影响力与话语权，进而有助于从战略层面推进实现"一带一路"的共同愿景，是"一带一路"建设的重要支撑力量。

三　发挥科技创新优势，促进粤港澳大湾区协同发展

2017年3月5日召开的十二届全国人大五次会议上，国务院总理李克强在政府工作报告中提出，要推动内地与港澳深化合作，研究制定粤港澳大湾区城市群发展规划，发挥港澳独特优势，提升在国家经济发展和对外开放中的地位与功能。2017年7月1日，国家发改委、广东省政府、香港特别行政区政府、澳门特别行政区政府签署了《深化粤港澳合作推进大湾区建设框架协议》，标志着粤港澳大湾区城市群的建设进入了新阶段。粤港澳大湾区作为许多科技创新、新业态、新产业的诞生地，将继续在创新驱动发展中发挥引领作用。协议指出，粤港澳大湾区将在开放引领、创新驱动、优势互补、合作共赢、市场主导、政府推动等原则的指导下，将打造国际科技创新中心作为合作重点领域之一，统筹利用全球科技创新资源，完善创新合作体制机制，优化跨区域合作创新发展模式，构建国际化、开放型区域创新体系，不断提高科研成果转化水平和效率，加快形成以创新为主要引领和支撑的经济体系与发展模式，并支持港深创新及科技园等合作平台建设，发挥合作平台示范作用，拓展港澳中小微企业发展空间。

构成粤港澳大湾区的城市群，在科技合作领域具有较大优势。如深圳的创新体量已经位居世界前列，并汇集了华为、中兴、腾讯、大疆等一大批具有较强科技创新活力和能力的企业；广州、香港也聚集了相当可观的高校、科研院所、企业等创新主体；香港的金融服务业能够为大湾区科技合作提供充足的金融支持；珠三角其他城市具有规模庞大、产业链相对齐全的制造业，能够为科技成果转化提供制造支持，并与创新主体、科技成果等创新资源共同形成完整的科技成果价值实现链条。

因此，粤港澳大湾区在创新驱动发展战略的框架下，在打造全球创新发展高地的过程中，科技创新资源全球化、科技活动全球化和科技成果全球化的科技合作活动，能够有力促进科技创新要素流动，形成从科技成果

研发到商业化的创新价值链，有助于大湾区城市群增强科技方面的国际话语权、整体国际竞争力，并能够共同促进粤港澳持续繁荣发展。

在"中国开放 4.0 时代"大背景下，在开放创新理论的影响下，深圳市构建跨行政区域、跨国科技合作体系，强调打破资源流动的地理边界、行政边界和创新主体边界，强调科技创新主体的多元化和创新主体之间合作方式的多样化，强调科技创新成果的产生与价值实现，逐步形成科技创新资源共享、科技创新资源稳定流动的共享机制，增加公共知识存量，优化科技创新资源配置，提高科技创新活动效率，形成超本地化创新网络，实现与国际先进科技和产业的深度融合，打造有利于培养科技创新的城市氛围和环境。

第八章 深圳科技创新的战略设计

习近平总书记在党的十九大报告中指出，我国经济已由高速增长阶段转向高质量发展阶段，正处在转变发展方式、优化经济结构、转换增长动力的攻关期，建设现代化经济体系是跨越关口的迫切要求和我国发展的战略目标。必须坚持质量第一、效益优先，以供给侧结构性改革为主线，推动经济发展质量变革、效率变革、动力变革，提高全要素生产率，着力加快建设实体经济、科技创新、现代金融、人力资源协同发展的产业体系，着力构建市场机制有效、微观主体有活力、宏观调控有度的经济体制，不断增强我国经济创新力和竞争力。[①] 深圳的未来科技发展将以满足国家的战略需求为方向，勇当科技创新的尖兵，力争在人工智能、工业互联网、生物科技和脑科学等方面的创新能力引领全球，成为全球科技创新中心。

第一节 深圳科技创新面临的形势

一 数字经济已经深度嵌入人类生活

新一轮以数字化为特点的全球经济景气周期正在来临。金融创新与技术创新正在相互融合，共同加快产业革命的进程；人工智能、大数据、云计算、数据中心正成为实业资本竞相追逐的热门投资领域，信息技术、生物技术、新能源技术和新材料技术的不断突破，帮助人类通过数据交换实

---

① 习近平：《决胜全面建成小康社会，夺取新时代中国特色社会主义伟大胜利——在中国共产党第十九次全国代表大会上的报告》，人民出版社2017年版。

现万物互联，推动人类进入数据驱动发展的新时代；人工智能在 IT +
DT + BT 的"3T 融合"力量的推动下，呈现出深度学习、跨界融合、人机
协同、群智开放、自主操控等新特征，① 给人类生活带来无限可能的改善
空间，人类将在现实世界与虚拟世界之间穿梭。全球创新创业进入高度密
集活跃期，人才、知识、技术、资本等创新资源全球流动的速度、范围和
规模达到空前水平。②

二 各国竞相抢占数字经济制高点

美国的《国家创新新战略》提出了精准医疗、大脑计划、先进汽车等
九大优先发展方向；欧盟"地平线2020"计划重点推动信息技术、生物
技术和先进制造技术等领域发展；德国在连续三次颁布高技术战略基础上
制订了工业4.0 计划，重塑其在高端制造业方面的优势；日本《科学技术
基本计划（2016—2020）》重点布局机器人、传感器、生物技术、纳米技
术和材料、光量子等技术领域；以色列出台《产业创新促进法》，大力推
动物联网、数字媒体、健康医学和智能机器人等领域发展。中国继《中国
制造2025 战略》后又发布了《新一代人工智能发展规划》，抢抓人工智能
发展的重大战略机遇，构筑中国人工智能发展的先发优势。

三 国内科技发展势头迅猛且竞争激烈

党的十八大以来，我国在载人航天和探月工程、载人深潜、深地钻
探、超级计算、量子反常霍尔效应、量子通信、中微子振荡、诱导多功能
干细胞等基础研究领域获得重大创新成果，天宫、蛟龙、天眼、悟空、墨
子、大飞机等重大科技成果相继问世。③ 高速铁路、水电装备、特高压输
变电、杂交水稻、第四代移动通信（4G）、对地观测卫星、北斗导航、电
动汽车等重大装备和战略产品取得重大突破，部分产品和技术开始走向世
界，中国科技创新的进步速度令世界折服。④ 国内科技创新的竞争也日趋

---

① 国务院：《新一代人工智能发展规划》，2017 年7 月8 日，中国政府网。
② 《"十三五"国家科技创新规划》，人民出版社2016 年版。
③ 同上。
④ 同上。

激烈。北京、上海相继向全球科技创新中心迈进,一波接一波地推出创新载体建设和人才引进的措施。杭州、武汉、成都、苏州、合肥和西安等科技创新资源相对丰富的城市相继发力,频频在全国发动创新人才争夺的攻势,而深圳在高校和科研机构较少、房价又较高的条件下,引才的难度正在加大。

我国在先进计算技术与人工智能、纳米技术与材料科学、基因与精准医疗、能源开发与储存、网络与大数据、智能汽车与智慧交通、绿色制造与先进制造七大领域在全球具有创新优势,如表8-1所示。

表8-1　　　　　　中国七大颠覆性创新领域及相关技术

领　域	技　术
先进计算技术与人工智能	认知科学、量子通信、量子计算机
纳米技术与材料科学	纳米材料、纳米传感器、生物医学纳米技术和纳米药物、纳米制造
基因与精准医疗	基因组、分子医学、合成生物技术、生物技术诊断
能源开发与储存	先进油气勘探、核能、可再生能源、先进电池技术、能源智能管理
网络与大数据	互联网、大数据、产业融合
智能汽车与智慧交通	无人驾驶汽车、地动控制、云平台、传感器、交通管理系统
绿色制造与先进制造	智能制造、机器人、3D打印、数控机床、航空航天装备、海洋工程装备

资料来源:中国科协创新战略研究院、浙商证券研究所。

第二节　未来科技创新发展的主要趋势

美国的科技变革预言家凯文·凯利(Kevin Kelly)曾经在其1994年出版的著作《失控:机器、社会与经济的新生物学》中,成功预测到并且在今天正在兴起或大热的概念包括:大众智慧、云计算、物联网、虚拟现实、敏捷开发、协作、双赢、共生、共同进化、网络社区、网络经济等等。[①] 在其新著《必然》中,从人性需求的角度对未来科技发展的趋势做

---

① [美]凯文·凯利:《失控:机器、社会与经济的新生物学》,新星出版社2010年版。

出了预测，这些趋势都交织在一起，互相依赖，但最后朝同一个方向前进。①

一　与人工智能合作：人类高度智化

未来技术变革的影响是永久性的。技术将和人工智能相关，它要做的事情是让所有的东西更加智能，这个智化的过程就是技术带来的改变。人工智能在很多方面已经比人更聪明了，未来将出现各种各样的 AI，有多种思维方式。未来将有数以万计创业公司，它们从事的是人工智能用于某一个领域的工作。② 使用者越来越多的话，机器会越来越聪明（人工智能是靠数据喂养的，吸收的数据越多就会越聪明，而人类的活动产生的数据日复一日地快速增长），这是一种滚雪球的方式。

有很多新工作，是机器人去帮助人类完成的。任何看上去特别重复性的、没有意思的、没有什么乐趣可言的事情，都可以让机器完成。③ 但是，对效率要求不高的工作更适合人类，比如要求创造力的工作，因为创造本身就是不讲究效率的，不用考虑正确性，这是人类适合去做的工作，工作职位将不断增加。

这一趋势表明：重复性高、讲究效率的工作，都将被人工智能所替代。而相关的软件与硬件将成为一大行业。

二　与无处不在的屏幕"对读"

任何一种平面都可以称为屏幕，看的书是一个屏幕，接触的所有平面都可以是一个屏幕，甚至人的衣服都可以当成屏幕。

不同的屏幕之间形成了生态系统，不仅我们看它们，它们也在看我们，形成"对读"。屏幕可以跟踪我们的眼神，知道我们注意力聚焦在哪儿了，重视什么东西，然后改变屏幕上呈现出来的内容。情绪跟踪就是很好的例子，屏幕可以做注意力跟踪、情绪跟踪，可以根据用户的注意力、

---

① ［美］凯文·凯利：《必然》，周峰等译，电子工业出版社 2016 年版。
② 同上。
③ 同上。

情绪做调整，知道我们什么时候高兴，什么时候困扰。我们即将进入屏幕时代，无处不在的屏幕，以前是读书，现在是读屏。①

这一趋势表明，柔性显示技术将成为显示行业的主流技术。

三　与不断流动的数据对接

不管是做房地产、医药、化工，还是教育，其实做的生意都是数据。商业乃数据之商业。归根结底，我们处理的都是数据。处理数据和处理客户一样重要。

因特网像一个城市，而不是一个企业，正因为它拥有无限增长的特质——数据的不断增长。很多公司已经意识到了这一点。这么多的数据像是形成超级生物体，远远超过人脑的容量，这样一个巨大的机器星球，其实是一个全球化的运作，全世界的经济好像都以同样的脉搏在跳动，以同样的行为方式在运作。②

这一趋势表明：大数据产业将需要数据处理方面的大量人才，同时，大数据处理后的成果将直接影响整个社会的管理和个人生活。未来的30年，各行各业将会发生天翻地覆的变化。未来将不属于互联网公司，未来将属于最会利用互联网的公司。③

四　使用而不是拥有产品

使用在很多方面比拥有更好，我们用到一个东西，用完之后可以马上丢掉，肯定比拥有某些东西要更好。因为我们的目的是使用，但是拥有的话，要承担很多的责任。拥有的概念发生了改变，使用权优于所有权。很多东西，我们只需要使用，不需要维护、储存等其他工作。未来按需提供的服务比拥有这件事物的比例要高。

再过二三十年，人类去哪儿都不用带任何东西了，去任何一个酒店，他们马上提供我们想穿的衣服，我们穿完后留在那里，酒店会清理好。

---

① ［美］凯文·凯利：《必然》，周峰等译，电子工业出版社2016年版。
② 同上。
③ 马云：《第八届云栖大会主旨演讲》，2017年10月11日，搜狐网。

甚至连手机都用不上，因为我们看到任何一个平板，就可以认出我们是谁，变成我们的屏幕。任何一部可以认出我们来的手机，就变成我们的手机，整个世界都是我们的，需要什么都可以提供，想送到哪儿都可以。不需要行李箱，不需要任何东西，都有相应的服务，就像是新型游牧民族，不需要携带，游走世界。①

这一趋势表明：按需经济将成为现实，各行业都将出现"优步"型企业。而有形产品的生产企业也需要发生改变，生产的产品要能满足共享使用。

五　深圳居民生活迈入智能社会

以下一代互联网、人工智能和脑科学为核心的产业生态一旦形成，万物互联和智能控制将成为现实，居民从此迈入智能社会。娱乐、购物、教育、医疗、健康和养老等日常生活智能化，交通、环保和城市管理等社会治理智能化。

（一）机器人成为居民工作和生活的好帮手

深圳将支持龙头企业建设数字化车间和智能工厂，推动中小微企业进行智能生产线改造。面向汽车、电子信息等劳动密集型以及生物医药制造等对生产环境要求严格的产业实施工业机器人应用。深圳居民的工作中将需要更多地控制机器人，让机器人完成简单、重复、危险的工作。装备社区监控、家庭服务机器人的智能小区将出现，康复机器人将在医疗行业大量使用。智能餐厅、智能超市等服务设施将遍布深圳大街小巷。机器人逐步从单一的劳动工具和设备，上升为居民的工作助手和生活伙伴。人们可以通过手机进行体检并与云端的诊断软件直接沟通，也可以在手机上使用教育软件来学习新的技能，甚至可以通过手机连接到实时气象数据，通过云端软件计算最优化的出行时间。②

（二）绿色低碳技术让深圳更美

深圳将在高能效发电技术、能源梯级综合利用技术、可再生能源技

---

① ［美］凯文·凯利：《必然》，周峰等译，电子工业出版社2016年版。
② 深科技（DeepTech）：《美国陆军发布20项重大科技趋势，将在未来30年改变世界》，2016年12月10日（http：//www.thepaper.cn/newsDetail_forward_1562446）。

术、生物固碳与固碳工程技术等节能环保、低碳循环技术方面取得突破。餐厨废弃物将被资源化利用与无害化处理，动力电池被梯级利用及回收，建筑废弃物被综合利用，地面、道路安装雨水收集过滤系统。低碳生态城市发展模式日渐形成。深圳人将生活在天蓝、地绿、水净的美好家园中。

（三）生命健康得以全方位监控

深圳将发展基因诊断、基因治疗、基因疫苗、基因重组药物开发等领域生命信息专业服务机构，实现医疗信息化。支持基因筛查防治项目的推广示范，推动出生缺陷早期筛查等一系列个体化精准应用的快速发展。开展肿瘤、糖尿病、心脑血管疾病等个体化预防和治疗。开发重大疾病和传染病的早期筛查、分子分型、个体化治疗、疗效预测及监控等精准化应用解决方案和决策支持系统。[①] 开展中医养生保健与现代医学检测相结合的护理服务。通过以上人口健康技术的发展，深圳人从出生前到生命终止的全过程中都将得到健康监控和防治。

未来社会，人类将可以通过 DNA 培养出来移植所需的器官，从而灭绝等待配型以及排斥反应等很可能致命的情况。生物假肢将会被直接连接到神经系统上，从而提供与真实触感极其相似的感官。机器急救人员以及例如控制性降温的肢体存活技术将会大幅度延长救援的"黄金时间"。科学家们将找到衰老的原因，从而增加人类的寿命，涌现出一大群非常健康并有活力的"老人"。[②]

（四）智慧交通助居民出门早知道

深圳将整合多元交通信息服务，推进交通运输资源在线集成，强化交通数据开放共享，拓展丰富的智慧化交通出行服务。建立智能化交通指数综合管理系统，完善道路交通运行、道路碳排放、公交服务等方面的交通指数体系，完善智能化交通监测体系，实现对路网交通流量监测、视频监控、交通事件监测的集成与综合。以"互联网+交通"推进智慧交通建设，依托大数据、云计算、移动互联网、物联网，为市民提供海、陆、

---

① 《"十三五"国家科技创新规划》，人民出版社2016年版。
② 深科技（DeepTech）：《美国陆军发布20项重大科技趋势，将在未来30年改变世界》，2016年12月10日（http://www.thepaper.cn/newsDetail_forward_1562446）。

空、铁、地全方位、多模式的综合交通信息服务，市民可以在出门前进行合理的交通规划。2017年10月11日，阿里巴巴"城市大脑1.0"正式发布，城市大脑是目前全球最庞大的人工智能系统，可对城市进行全局实时分析，自动调配公共资源，修正城市运行中的缺陷。深圳将快速跟进并应用"城市大脑"系统。

（五）居民信息生活更便捷、更丰富

2017年8月24日，国务院印发《关于进一步扩大和升级信息消费持续释放内需潜力的指导意见》，明确提出要加快第五代移动通信（5G）标准研究、技术试验和产业推进，力争2020年启动5G商用。深圳的中兴通讯公司计划在2018年底前实现5G预商用部署，2019年上半年实现5G规模商用，全面做好准备，率先支持运营商5G商用网络部署。5G时代将给深圳人带来更便捷、更丰富的信息生活。例如，4G网络处于极限速度的时候，带宽大概在120兆，但是到5G就不一样了，极限速度一秒就是2G以上。到了5G时代，下载一部电影，可能只需要一秒钟。5G移动网络将人工智能技术畅通地应用到通信网络、智慧城市、智慧金融、智慧家庭等多个应用场景，未来的生活将越来越智慧化。

在未来的30年里，AR眼镜将把实时相关的信息为用户投放在现实中，而VR眼镜则可以通过融合视觉、听觉、嗅觉和触觉来实现深度沉浸的体验，这些技术将成为主流科技。[1] 超高清显示、低价的走势与位置探测器以及高清视频内容已经给混合现实科技打下了雄厚的基础。VR将会成为新一代的主流娱乐技术。

第三节　深圳科技创新的前景展望

经历40年的发展，深圳的科技创新取得了丰硕的成果，积累了雄厚的实力，为未来的科技创新发展奠定了很好的基础。未来的工作主要是强优势补短板，深圳在信息技术方面具有全球领先的优势，下一步要不断强

---

[1] 深科技（DeepTech）：《美国陆军发布20项重大科技趋势，将在未来30年改变世界》，2016年12月10日（http：//www.thepaper.cn/newsDetail_ forward_ 1562446）。

化这方面的优势,在下一代互联网技术、人工智能和生物科技等领域取得较多的突破,为国家在全球竞争中抢占先机。

一 建设下一代互联网产业生态城市

(一)国家的前瞻性规划

下一代互联网就是基于互联网协议第六版(IPv6)的全球互联网。2017年11月27日,国务院发布《关于深化"互联网+先进制造业"发展工业互联网的指导意见》,意在规范和指导基于下一代互联网技术的工业互联网的发展。它指出,工业互联网作为新一代信息技术与制造业深度融合的产物,日益成为新工业革命的关键支撑和深化"互联网+先进制造业"的重要基石,对未来工业发展产生全方位、深层次、革命性影响。工业互联网通过系统构建网络、平台、安全三大功能体系,打造人、机、物全面互联的新型网络基础设施,形成智能化发展的新兴业态和应用模式,是推进制造强国和网络强国建设的重要基础,是全面建成小康社会和建设社会主义现代化强国的有力支撑。并且,它规划工业互联网的发展目标为:到2035年,建成国际领先的工业互联网网络基础设施和平台,形成国际先进的技术与产业体系,工业互联网全面深度应用并在优势行业形成创新引领能力,安全保障能力全面提升,重点领域实现国际领先。[①]

(二)行业发展前景

新一代互联网在全球范围的推广应用,将让以人与人链接为特征的互联网,转变为人与人、人与物、物与物链接三位一体的物联网,大数据将井喷式涌现。在2045年,最保守的预测也认为将会有超过1千亿的设备连接在互联网上。这些设备包括移动设备、可穿戴设备、家用电器、医疗设备、工业探测器、监控摄像头、汽车以及服装等。它们所创造并分享的数据将会给我们的工作和生活带来一场新的信息革命。[②]

工业互联网是我国抢占国际制造业竞争制高点、数字经济发展主动权

---

① 国务院:《关于深化"互联网+先进制造业"发展工业互联网的指导意见》,2017年11月27日。
② 深科技(DeepTech):《美国陆军发布20项重大科技趋势,将在未来30年改变世界》,2016年12月10日(http://www.thepaper.cn/newsDetail_forward_1562446)。

的不二选择。工业互联网是网络强国建设的重要内容。一是加速网络演进升级。工业互联网促进人与人相互连接的公众互联网、物与物相互连接的物联网向人、机、物全面互联拓展，大幅提升网络设施的支撑服务能力。二是拓展网络经济空间。工业互联网具有较强的渗透性，可以与交通、物流、能源、医疗、农业等实体经济各个领域深度融合，实现产业上下游跨领域的广泛互联互通，推动网络应用从虚拟到实体、从生活到生产的科学跨越，极大拓展了网络经济的发展空间。[①]

工业互联网将为我国制造强国建设提供关键支撑。一是推动传统工业转型升级，通过跨设备、跨系统、跨产区、跨地区的全面互联互通，实现各种生产和服务资源在更大范围、更高效率、更加精准的优化配置，推动制造业供给侧结构性改革，大幅提升工业经济的发展质量和效益。二是加快新兴产业的培育壮大。工业互联网促进设计、生产、管理、服务等环节，由单点的数字化向全面的集成演进，加速创新方式、生产模式、组织形式和商业方式的深刻变革，催生智能化生产、网络化协同、服务化延伸、个性化定制的诸多新模式、新业态、新产业。[②]

（三）深圳的产业基础和优势

在深圳的战略性新兴产业中，新一代信息技术产业增加值远高于其他产业，如果加上相关的互联网产业，这两个产业增加值占深圳 GDP 的四分之一强，如表 8-2 所示。产业中华为、中兴通讯和腾讯等企业拥有自己的核心技术，并发挥着龙头引领作用。华为在 5G 移动通信、网络技术研究、未来网络理论研究和光网络研究等领域形成了全球领先的优势。截至 2016 年 12 月 31 日，华为累计获得专利授权 62519 件；累计申请中国专利 57632 件，累计申请外国专利 39613 件，其中 90% 以上为发明专利。在下一代互联网标准研究中，华为公司在国内企业中参与程度最高。中兴通讯在 5G/4G、芯片、云计算、大数据、大视频、物联网等新兴技术的研发上不断加大投入，拥有 6.8 万余件全球专利申请，已授权专利超过 2.8 万

---

① 国务院：《关于深化"互联网+先进制造业"发展工业互联网的指导意见》，2017 年 11 月 27 日。

② 同上。

件。可以说，深圳企业为中国在全球数字经济发展主动权的竞争中赢得了一定优势。

表8-2　2014—2016年深圳战略性新兴产业增加值（亿元）和增速（%）

产业	2016年		2015年		2014年	
	增加值	增速	增加值	增速	增加值	增速
新一代信息技术产业	4052.33	9.6	3173.07	19.1	2569.80	14.0
文化创意产业	1949.70	11.0	1757.14	13.1	1553.64	15.6
互联网产业	767.50	15.3	756.06	19.3	576.44	15.5
新能源产业	592.25	29.3	405.87	10.1	368.55	9.7
新材料产业	373.40	19.6	329.24	11.3	383.98	7.1
节能环保产业	401.73	8.2	327.42	12.0		
生物产业	222.36	13.4	254.68	12.4	242.83	6.4

资料来源：根据深圳市统计局《深圳国民经济和社会发展统计公报》整理。

（四）深圳发展工业互联网产业的工作方向

一是产学研合作建设工业互联网平台。通过企业主导、政府引导、市场选择、动态调整的方式，形成跨行业、跨领域平台，实现多平台互联互通，承担资源汇聚共享、技术标准测试验证等功能，开展工业数据流转、业务资源管理、产业运行监测等服务。①推动华为、中兴等龙头企业积极发展企业级平台，开发满足企业数字化、网络化、智能化发展需求的多种解决方案。二是建设未来网络国家实验室等重大科技基础设施。基于深圳在网络技术的现存优势，向国家申请建设未来网络国家实验室，开展工业互联网的技术验证与测试评估研究工作。三是在南方科技大学、深圳大学等高校设置工业互联网专业。工业互联网的发展需要一大批研究和应用人才，深圳要推动产校合作培养工业互联网人才，实现人才供给的本地化。四是组建工业互联网应用联盟。政府引导企业加入工业互联网应用联盟，通过补贴方式鼓励数据共享，定期召开应用经验分享交流活动。五是建立工业互联网应用创新生态圈。通过税收优惠和政府购买企业使用的方式，

---

① 国务院：《关于深化"互联网+先进制造业"发展工业互联网的指导意见》，2017年11月27日。

鼓励企业或个人开展面向不同行业和场景的工业互联网应用创新，推动平台为用户提供包括设备健康维护、生产管理优化、协同设计制造、制造资源租用等各类应用，提升服务能力。① 设立工业互联网应用APP设计大赛，调动软件设计人员参与APP创新的积极性。

二 建设人工智能生态城市

（一）人工智能正呈现突飞猛进的发展态势

全球人工智能在云计算技术的驱动和大数据的供养下，正在实现颠覆性地发展。2017年11月，美国IBM公司正式宣布成功研制出了量子计算机原型机，一台50量子比特的量子计算机，其计算能力相当于目前最先进的中国天河一号超级计算机。在这种超强计算能力的帮助下，人工智能利用深度学习算法分析大数据的能力，将出现极大的飞跃。同时，新一代互联网的大规模应用将为人工智能供应巨量数据，人工智能分析出大数据背后的规律后，其智能水平将远超人类。人工智能作为新一轮产业变革的核心驱动力，将进一步释放历次科技革命和产业变革积蓄的巨大能量，并创造新的强大引擎，重构生产、分配、交换、消费等经济活动各环节，形成从宏观到微观各领域的智能化新需求，催生新技术、新产品、新产业、新业态、新模式，引发经济结构重大变革，深刻改变人类生产生活方式和思维模式，实现社会生产力的整体跃升。②

（二）人工智能发展的国家规划目标

2017年7月，国务院发布了《新一代人工智能发展规划》，规划我国人工智能的发展目标分三步实现：第一步，到2020年人工智能总体技术和应用与世界先进水平同步，人工智能产业成为新的重要经济增长点，人工智能技术应用成为改善民生的新途径，有力支撑进入创新型国家行列和实现全面建成小康社会的奋斗目标；第二步，到2025年人工智能基础理论实现重大突破，部分技术与应用达到世界领先水平，人工智能成为带动

---

① 国务院：《关于深化"互联网+先进制造业"发展工业互联网的指导意见》，2017年11月27日。

② 国务院：《新一代人工智能发展规划》，《中华人民共和国国务院公报》2017年8月10日。

我国产业升级和经济转型的主要动力,智能社会建设取得积极进展;第三步,到 2030 年人工智能理论、技术与应用总体达到世界领先水平,成为世界主要人工智能创新中心,智能经济、智能社会取得明显成效,为跻身创新型国家前列和经济强国奠定重要基础。[1]

(三) 国内人工智能发展的基础

经过多年的持续积累,我国在人工智能领域取得重要进展,国际科技论文发表量和发明专利授权量已居世界第二,部分领域核心关键技术实现重要突破。语音识别、视觉识别技术世界领先,自适应自主学习、直觉感知、综合推理、混合智能和群体智能等初步具备跨越发展的能力,中文信息处理、智能监控、生物特征识别、工业机器人、服务机器人、无人驾驶逐步进入实际应用,人工智能创新创业日益活跃,一批龙头骨干企业加速成长,在国际上获得广泛关注和认可。加速积累的技术能力与海量的数据资源、巨大的应用需求、开放的市场环境有机结合,形成了我国人工智能发展的独特优势。[2]

(四) 深圳发展人工智能的优势

首先,深圳发展人工智能有产业优势。机器人、可穿戴设备和智能装备产业的规模已经形成一定优势,并且增速较快,如表 8-3 所示。《2017 中国人工智能产业报告》显示,在人工智能企业数量占比方面,深圳以 15.5% 的比例仅次于北京和上海,位列全国第三。在无人机领域,深圳的大疆无人机占据国际市场近 80% 的份额;有专注于数据挖掘和机器分析的碳云智能公司;有投入研究智能机器人、人脸识别技术的优必选科技公司;有研发计算机视觉、裸眼 3D 的超多维科技公司。其次,深圳有研发投入优势。2016 年 4 月,腾讯正式成立 AI Lab 人工智能实验室,2017 年腾讯内部有超过四个团队在进行人工智能的研发,并提出了一项 "AI 生态计划"。该项计划显示,腾讯未来将开放 100 项 AI 技术,孵化 100 个 AI 创业项目,推出 300 个 "云 + 创业百万扶持计划",触及 1000 个 AI 领域的合作伙伴。华为也在加大人工智能研发投入,2017 年全球第一款人工智

---

[1] 国务院:《新一代人工智能发展规划》,《中华人民共和国国务院公报》2017 年 8 月 10 日。
[2] 同上。

能手机芯片在华为 Mate10 手机应用。再次，深圳的产业生态环境好。目前，深圳在人工智能和机器人密切相关的智能制造、智能汽车等领域已形成比较完备的产业链。深圳人工智能的前沿研究与产业应用走得非常近，企业对于技术前沿也非常敏感。深圳汇聚了电子信息硬件和软件企业数万家，大量企业在不同领域创新，不断试错，相互学习和借鉴，创新速度非常快。还有，深圳的资本市场正争相加大对人工智能的投入。最后，深圳政府的大力支持。深圳市政府非常重视人工智能和机器人产业，相继出台机器人、可穿戴设备和智能装备产业的规划及政策，把机器人产业作为未来产业加以培育和支持，同时成立智能机器人的研究院和产学研联盟，促进技术、产业、金融、商业模式等方面的协同创新。

表 8-3　　2016 年深圳四大未来产业增加值（亿元）和增速（%）

	增加值	增速
机器人、可穿戴设备和智能装备产业	486.42	20.2
航空航天产业	84.68	5.8
生命健康产业	72.35	17.9
海洋产业	382.83	9.0

资料来源：深圳市统计局《2016 年深圳国民经济和社会发展统计公报》。

（五）深圳进一步发展人工智能产业的工作方向

一是加大基础研究的投入。鼓励市内高校在核心算法研究上加大投入，政府要帮助高校引进全球一流人才，开展高级机器学习、类脑智能计算、量子智能计算等跨领域基础理论研究；推进人工智能算法、模型发展的数学基础理论研究，联合数学学会在深圳设立相关奖项；定期举办人工智能学术研讨会，推动学术界高度关注深圳人工智能的研究进展。

二是政府资助人工智能芯片的研发。芯片研发由于投资周期长，专业技术壁垒厚，市场相对比较狭小，导致竞争非常激烈且难以进入，通过政府的帮助，可以降低企业进入的难度。人工智能芯片主要包括 GPU、FPGA、ASIC 以及类脑芯片。政府应该成立产业投资基金，引导社会资本投入 GPU、FPGA、ASIC 等芯片的研发，这类芯片由企业为主体投入，而类脑芯片则应该以政府投入为主。类脑芯片是一种基于神经形态工程，借鉴人脑信息处理方式，具有学习能力的超低功耗芯片。它是以脑科学的基础研究为前提发展的，这需要政府先期进行投入。

三是建立人工智能共性技术研发平台。开发知识计算引擎与知识服务技术、跨媒体分析推理技术、群体智能关键技术、混合增强智能新架构与新技术、自主无人系统的智能技术和虚拟现实智能建模技术等行业共性技术。

四是建立人工智能应用示范工业园。引导人工智能企业集群发展，通过租金补贴和地价优惠等措施，打造人工智能应用示范工业园。围绕人工智能产业链和创新链，集聚高端要素、高端企业、高端人才，打造人工智能产业集群和创新高地。

五是建立人工智能知识产权联盟。政府成立人工智能知识产权保护的专业机构，协调企业之间对知识产权进行互相授权，推动深圳企业在人工智能方面整体能力的提升。华为公司与大疆无人机公司正在此方面做出探索，2017年华为推出的智能手机可以与大疆无人机进行数据链接。

六是深圳可以利用立法权的优势，探索建立规范人工智能发展的法律法规体系。

七是加大人才培养和引进的力度。2017年，全球人工智能领域人才约30万，而市场需求在百万量级，未来的人才需求增长速度大幅超过供给增长速度，可以说从全球来看，AI人才短缺是长期的。因此，深圳的高校都要加入人工智能人才培养的队伍中来（2017年，中国培养人工智能人才的高校仅20所），同时，政府要制定专项政策，大量引进人工智能人才。

三　建设脑科学产业生态城市

（一）脑科学正成为全球科技创新制高点争夺的焦点

脑科学作为现代生物医学研究的前沿领域，不仅帮助人们认识大脑的工作机理，而且能够为诊断和治疗精神性疾病提供新视角。近年来，植根于脑科学的人工智能研发取得了突破性进展，引爆了新的科技和产业革命。世界各国纷纷在脑科学研究方面进行重点布局。2013年，美国和欧盟分别提出"通过推动创新型神经技术开展大脑研究计划"和"人脑计划"，2014年日本启动了"脑智计划"。2015年，中国在《"十三五"国家科技创新规划》

中将"脑科学与类脑研究"列入"科技创新2030——重大项目"之一，并提出"一体两翼"的中国脑科学计划，以脑认知原理为主体，以类脑计算与脑机智能、脑重大疾病诊治为两翼，搭建关键技术平台，抢占脑科学前沿研究制高点。① 以期在未来15年内使我国的脑科学处于国际前沿地位，并于2015年在北京、上海成立两大脑科学研究基地。

（二）脑科学产业的经济社会价值

类脑研究和脑机智能技术是未来高科技领域的关键，类脑计算系统的突破将推动我国信息产业并带动工业、农业、金融及国防等领域的跨越式发展。脑科学研究可以帮助阐明人脑的高级功能（如认知功能），这对人工智能领域会产生重大影响。此外，将脑科学研究的成果应用于自动化技术、计算机科学等方面，可以更好地推动这些技术的研究以及产业化，直接促进经济发展以及社会进步。脑科学研究可以帮助理解各种神经、精神疾病的产生机制，并催生出相应的诊断和治疗技术，在这方面可以极大地推动医疗产业的发展。脑科学的认知与研究已涵盖科学、医学、心理、科技、教育以及金融等多个领域。

（三）深圳发展脑科学产业的现有基础

深圳高度重视脑科学研究，将其纳入了生物与生命健康产业的战略性新兴产业和未来产业的资助支持范围，同时布局了诸多实验室和研发平台，涌现出了一批脑认知、脑疾病和类脑智能方面的优秀团队。一是中科院深圳先进技术研究院的脑科学研究具备国内领先优势。2014年，中科院深圳先进技术研究院脑认知与脑疾病研究所（以下简称"脑所"）成立，定位为构建一个从分子、细胞等微观层面到动物整体等宏观层面、多角度研究脑疾病的非人灵长类动物模型公共技术服务平台。脑所借助香港脑科学取得的成绩，吸引国际顶尖创新团队，经过三年发展，从刚开始不到50人，发展到现在的150人。脑所已经具备多种国际先进研究技术，例如光感基因神经调控技术、光神经界面技术和神经机器接口技术等，并取得了许多研究成果。二是深圳大学脑科学研究实力显著。截至2017年底，深圳大学已经建立了深圳市情绪重点实验室、儿童发展国际实验室、深圳神经科学院，脑科学研究团

---

① 《"十三五"国家科技创新规划》，人民出版社2016年版。

队有院士 2 名、长江学者 1 名以及青年"千人计划"、特聘教授等脑科学研究领域的优秀人才。在新生儿对情绪语音的加工、童年创伤研究，流动儿童和留守儿童发展元研究，语音认知与语言康复运用等脑科学课题，都取得了研究成果。2016 年，深圳大学还成立了由两名院士领衔的人工智能与人脑工程中心。三是深圳市内的高水平高校都在投入脑科学研究。南方科技大学、北京大学深圳研究生院、清华大学深圳研究生院等高校非常重视脑科学研究，正在加大脑科学研究方面的人才和设备建设。四是中国科学院对深圳脑科学研究给予大力支持。中科院与深圳将在脑解析与脑模拟、类脑产业发展、生物制药等领域开展研究合作，共同推进相关重大科技设施、研究机构建设，吸引更多海内外高层次人才来深圳开展前沿研究。五是深圳具备发展脑科学的产业基础。在生物领域，深圳已经拥有 300 家各级各类创新载体，其中国家级 21 家，主要产业园区包括国际生物谷、深圳高新技术产业园、坪山国家生物产业基地等。深圳的人工智能和互联网产业将是脑科学研究成果应用的重要支撑。六是深圳形成了脑科学研究的学术生态。2015 年，由深圳大学谭力海教授、罗跃嘉教授、李江教授、陈思平教授和美国宾夕法尼亚州立大学李平教授倡议组织的深圳脑科学论坛确定深圳为永久举办城市，这是一个非营利性、定期和定址的国际学术论坛。综合这些条件，深圳有潜力成为科学前沿和药物研发并重的"脑科学城市"。

（四）深圳完善脑科学产业生态的主要工作方向

深圳在脑科学研究方面与国际先进水平还存在较大的差距，特别是在将脑科学研究成果转化成推进应用科学（计算机）发展方面差距更大。例如，Google X 实验室开发出了模拟人脑并具备自我学习功能的"谷歌虚拟大脑"。"谷歌虚拟大脑"是为模拟人脑细胞之间的相互交流、影响而设计的，通过模拟人脑中相互连接、相互沟通、相互影响的"神经元"，由 1000 台计算机、16000 个处理器、10 亿个内部节点相连接，形成一个"神经网络"。[①] 完善脑科学产业生态，深圳要推进以下工作：一是建设"脑解析和脑模拟"国家级重大科技设施。2017 年 8 月，深圳与中科院已

[①] 费明钰等：《人类脑计划：21 世纪的重大挑战——主要国家和企业脑科学研究计划分析》，《华东科技》2014 年第 6 期。

经就共建这一设施达成共识,应该尽快借助国家力量推进设施落地。二是制订深圳市脑科学发展规划。做好脑科学研究和产业发展的顶层设计,根据各创新载体的现有基础做出合理分工,引导有限资源集中在优势方向发力,实现领跑成果的突破。三是建立脑科学发展的智库。柔性引进世界一流专家参与深圳脑科学的研究,为深圳的研究者提供咨询服务。定期举办脑科学学术研讨会。四是成立脑科学产学研联盟。引导企业参与脑科学研究和成果产业化,通过市场力量拉动脑科学创新。企业是完善脑科学产业生态的主导力量,这是深圳发展脑科学产业的主要优势。企业对脑科学成果的产业化将带动脑科学基础研究的快速进步。五是成立脑科学产业的政府引导基金。市场需求对脑科学研究的拉动,离不开资本市场的助力。通过政府的引导基金,引导资本市场对脑科学成果的应用企业进行投入。六是鼓励企业在部分发达国家成立脑科学应用研发中心。发达国家有人才优势,通过设立海外研发中心可以就地利用国外人才。七是设立脑科学专项奖学金。深圳创新载体需要大量的博士后、博士生等,要制定特殊政策吸引国内外青年人才加入深圳的创新载体。通过设立专项奖学金,资助学生来深圳学习,引进年轻人才的同时,扶持创新载体的发展。

四 "金三角"生态群构筑深圳科技创新的未来蓝图

以下一代互联网、脑科学、人工智能等为代表的"硬科技",具有较高门槛,难以被复制和模仿,有明确的应用产品和产业基础,对产业的发展具有较强的引领和支撑作用,是推动世界进步的动力和源泉。下一代互联网、人工智能和脑科学三者之间紧密联系,互相促进,将共同构成深圳未来科技创新发展的"金三角"。这三个产业生态建设一旦成熟,也将为深圳其他产业的发展提供强大动力。

(一)脑科学是人工智能突破计算"瓶颈"的必然路径

当前,取得突破的人工智能更多地沿用经典的计算框架,如何借助脑科学的研究成果,突破现阶段模拟计算中的"瓶颈",是人工智能推向新阶段(类脑人工智能)的必然路径。通过对人脑的结构、动态、功能和行为进行研究,IBM领导的"认知计算"研究小组期望打破传统的机器语言编程模式,为神经键和神经元开发出纳米级的设备,从而挑战大脑的超低能耗和超小体积。① 按照这种创新方向，脑科学将成为塑造和构建"最强大脑"的基石。

（二）人工智能为脑科学研究提供突破的工具

类脑人工智能也将有助于破解当前脑科学研究中的核心难题，对真实神经系统的计算模拟将为脑功能的认识提供崭新的思路。② 借助人工智能对大量信息的处理能力，建立类脑模型模拟人脑细胞之间的相互交流、影响过程，了解大脑的信息处理机制，揭开大脑神经网络中各神经元之间信息交流的奥秘。

（三）下一代互联网是人工智能和脑科学发展的重要基础

下一代互联网，即第六版互联网协议 IPv6，其地址空间扩大到 2 的 128 次方。地址数量大到地球上每一平方米，都可以有 10 的 26 次方的地址，甚至可以分配地址到空中的尘埃。这个地址数量为数以亿计的物体联网成为可能，能推进天地一体化信息网络建设，实现低时延、高通量的传输能力。这种能力对需要大量数据传输的人工智能和类脑产业发展提供强力支撑。

第四节　优化深圳科技创新生态体系

党的十八大至十九大期间，深圳的科技创新取得了丰硕成果，但要实现科技创新质量新跨越，形成创新能力卓越、创新经济领先、创新生态一流的国际科技、产业创新中心基本框架体系，还需要进一步优化科技创新生态体系。深圳要在基础研究和科技服务上补短板，建设多所世界一流的高校和科研院所，搭建高端科技服务平台，为科技产业的发展提供创新原动力。

一　八大科技创新领域集中攻关

深圳将以实施"十大行动计划"③ 为抓手，聚焦新一代信息技术、智

---

① 赵剑波：《脑科学对信息与智能产业影响巨大》，《上海证券报》2017 年 10 月 17 日。
② 同上。
③ 布局十大重大科技基础设施；设立十大基础研究机构；组建十大诺贝尔奖科学家实验室；实施十大重大科技产业专项；打造十大海外创新中心；建设十大制造业创新中心；规划建设十大未来产业集聚区；搭建十大生产性服务业公共服务平台；打造十大"双创"示范基地；推进十大人才工程。

能制造技术、新材料技术、新能源技术、生命科学与生物技术、航空航天技术、海洋科学技术和节能环保技术八大领域，规划建设十大重大科技基础设施、十大基础研究机构、十大诺贝尔奖科学家实验室和实施十大重大科技产业专项。重点在5G移动通信、石墨烯、虚拟现实与增强现实、机器人与智能装备、微纳米材料与器件、精准医疗、智能无人系统、新能源汽车、金融科技等方向，开展前沿科学探索、关键技术研发，集中资源全链条着力突破，掌握一批核心共性关键技术，提升城市的核心竞争力。八大科学技术领域创新攻关方向，如表8-4所示。

表8-4　　　　　　　　　八大科学技术领域创新攻关方向

序号	重点领域	重点研究	重点突破	积极探索
一	新一代信息技术	量子通信、未来网络、类脑计算、人工智能、全息显示等技术	虚拟现实/增强现实、5G通信、大数据、云计算、嵌入式软件、新型网络、物联网、区块链、集成电路设计及封装测试等	量子信息与控制技术、认知神经学、人类行为的计算机模型等技术
二	智能制造技术	先进制造工艺检测技术、精密制造技术、智能机器人和无人飞行器、无人驾驶车、无人艇等智能无人系统	微纳米超精密加工、高性能控制器、传感器、机器学习、无人控制、智慧工厂等关键技术	
三	新材料技术	电子信息、新能源和生物医药等支撑领域新材料	先进碳材料、高分子材料和复合材料等优势领域新技术	材料基因工程关键技术和材料设计、筛选、应用全流程工艺技术
四	新能源技术	新能源汽车、核电、可再生能源等技术	燃料电池和氢能关键技术	能源互联网先进理论和核心技术
五	生命科学与生物技术	重大疾病预防干预、生殖健康及出生缺陷防控、创新药物开发、医疗器械国产化等人口健康关键技术	数字生命、精准医疗等前沿交叉领域关键技术	生命科学、脑与认知科学
六	航空航天技术	航空发动机关键部件制造技术、深空测控与通信技术、空间环境能源供给技术、航天生态控制与健康监测技术	航空电子关键零组件及集成技术、微小卫星关键技术	航空航天先进材料等

续表

序号	重点领域	重点研究	重点突破	积极探索
七	海洋科技技术	海洋资源高效可持续利用适用技术	大型的海洋工程装备技术	立体同步的海洋观测体系
八	节能环保技术	清洁低碳、安全高效的节能环保技术	高效节能、环境治理、生态修复等重大共性关键技术	立体化、自动化、智能化的生态环境检测系统

二 科技基础设施高端化

深圳将加快布局重大科技基础设施，组建基础研究机构，规划诺贝尔奖科学家实验室，优化重点实验室、工程实验室、工程（技术）研究中心和企业技术中心，着力提升科技创新公共服务能力，突破引领核心关键技术，全面提升源头创新能力，建成国家高水平的科技创新基地，如表 8-5 所示。

表 8-5　　　　　　　　　科技基础设施建设近期规划

序号	类别	具体规划
1	重大科技基础设施	网络空间科学与技术、生物信息与健康国家实验室、未来网络实验设施、国家超级计算深圳中心（二期）和深圳国家基因库（二期）、空间环境地面模拟拓展装置、空间引力波探测地面模拟装置和多模态跨尺度生物医学成像设施、脑解析与脑模拟设施、人造生命设计合成测试设施等 10 项
2	重点基础研究机构	数学、新材料、数字生命、脑科学、医学科学、数字货币、量子科学、海洋科学、环境科学、清洁能源等 10 个基础研究机构
3	诺贝尔奖科学家实验室	在化学、生物、光电等领域建设 10 个以上科学实验室
4	创新载体	到 2020 年，国家、省、市级重点实验室、工程实验室、工程（技术）研究中心和企业技术中心等达到 2200 家以上

三 高等教育大发展

深圳将以国家支持深圳开展教育综合改革为契机，充分发挥深圳改革创新优势，坚持高等教育规模扩大与内涵发展并举，推进高校分类发展，推动各类创新要素向高校集聚，力争经过 10 年努力，初步形成结构合理、支撑有力、充满活力的具有深圳特色的国际化开放式创新型高等教育体系，成为南方重要的高等教育中心。到 2025 年，高校数量达 20 所左右，在校生约 20 万人，3—5 所高校综合排名进入全国前 50；进入教育部学科评估前 10%、世界 ESI 排名前 1% 的学科，分别达到 50 个和 30 个以上，如表 8-6 所示。

表 8-6　　　　　　　　　深圳市高等教育发展目标　　　　　　　　　（人）

序号	高校名称	发展目标	2020 年在校生规模
1	深圳大学	具有创新创业特色的高水平综合性研究型大学	42000
2	南方科技大学	国际化高水平研究型大学	5000
3	香港中文大学（深圳）	国际化高水平研究型大学	7500
4	中山大学·深圳	国际化高水平研究型大学	2000
5	哈尔滨工业大学（深圳）	国际化高精特研究型大学	9000
6	清华大学深圳研究生院	国际化高水平研究型大学	3500
7	北京大学深圳研究生院	国际化高水平研究型大学	3500
8	暨南大学深圳旅游学院	国际知名、国内一流的国际化旅游学院	2500
9	深圳北理莫斯科大学	世界一流的独具特色的综合性大学	2500
10	深圳技术大学	开放式、创新型、国际化应用技术大学	5000
11	清华—伯克利深圳学院	专业化、开放式、国际化特色学院	1000
12	湖南大学罗切斯特设计学院（深圳）	专业化、开放式、国际化特色学院	1000
13	深圳墨尔本生命健康工程学院	专业化、开放式、国际化特色学院	3000（规模）
14	深圳国际太空科技学院	专业化、开放式、国际化特色学院	1500
15	哈尔滨工业大学（深圳）国际设计学院	专业化、开放式、国际化特色学院	1200（2025）
16	深圳职业技术学院	世界一流水平的综合性高职院校	30000
17	深圳信息职业技术学院	国际一流、具有鲜明 IT 办学特色的应用技术大学	18000
18	深圳城市职业技术学院		
19	深圳技师学院		
20	广东新安职业技术学院	高水平民办高职院校	5000

四 科技创新企业国际化

深圳未来将重点培育具有国际竞争力的创新型企业，重点支持华为、中兴、腾讯、大疆、优必选和比亚迪等龙头企业发展，突出大型企业在技术创新中的龙头作用；实施大中型企业研发机构全覆盖行动，引导和支持企业普遍建立研发准备金制度，建设一批工程研究中心、重点实验室、企业研究院、产业共性技术研发基地和产学研创新联盟。推动年产值5亿元以上的大型工业企业实现研发机构全覆盖。到2020年，争取进入世界500强企业数量达到8—10家。

五 科技创新人才优质化

深圳将深入实施人才优先发展战略，以重点平台建设为依托，以人才体制机制改革创新为核心，以构建国际化、实用型人才团队为目标，实施十大人才工程。深入推进人才评价制度改革，完善人才流动支持机制，健全人才服务和保障机制，构筑具有全球影响力的人才高地。

五年内建立10个以上集人才培养和研发于一体的实训基地。新建博士后工作站20个。建成高技能人才培训基地120家。创客服务平台达到80个，创客空间达到240个。建设"双创"示范基地10个以上。引进海内外院士100名，海外高层次创新团队100个，海外高层次人才2000名以上；吸引各类海外人才10000名以上；培养博士1000名以上，博士后1000名以上；实现每万名就业人员中研发人员达到190名。

《深圳经济特区人才工作条例》于2017年11月1日开始实施，明确每年的11月1日为"深圳人才日"，这是深圳向全世界发出的尊重人才、深爱人才和用好人才的通告。它对人才工作体制机制相关规定进行突破或者创新的规定；而且，将目前人才工作中成熟的、需要长期适用的政策、做法通过立法予以固化的规定，为今后的人才工作提供了法律依据。

六 深港澳科技创新深度合作

未来将进一步完善深港创新圈建设机制，促进深圳创新创业环境与香港科研、信息优势有机融合。依托前海建设科技信息一体化平台，拓展深港澳科技合作新空间。建立深港澳保护知识产权协调机制。加快与香港科技园共建国家现代服务业产业化（伙伴）基地，设立双向双币科技风险投资基金，与香港机构和专业团队合作，在前海打造聚合创业者、天使投资人和产学研转换平台的深港创新创业生态系统。创立深港澳青年创业协会联盟，利用各自比较优势，加快科技创新成果转化，提升人才吸引力，共同建设深港澳创新圈。加快推进落马洲河套地区开发，规划和建设港深创新及科技园，推动形成更多实质性合作成果。预计到2020年，深港将建成较为完善的创新服务基地、公共平台，成为亚太地区重要的创新集群和科研成果转化基地，并向"在全球创新体系中有重要地位、具有可持续竞争优势的世界级区域创新集群"长远目标迈进。

附录　深圳科技创新大事年表

1978 年

4 月，国家计委和外贸部受时任国务院副总理谷牧的委派，组织港澳经济贸易考察组，对香港、澳门进行实地调查研究，考察组回京后在其所写的《港澳经济考察报告》中，提出将广东邻近港澳的宝安和珠海划为"出口基地"。

1979 年

1 月，中央批准广东省革委会、交通部联合向国务院提出在蛇口建立交通部香港招商局蛇口工业区的报告。

1 月 23 日，经国务院批准，广东省下达文件成立深圳市（半地级市、撤销宝安县）。

7 月 15 日，党中央、国务院下发 50 号文件，批转广东、福建两省的报告，同意这两个省在对外经济活动中，实行特殊政策和灵活措施，并在深圳、珠海、汕头和福建厦门划出部分地区试办"出口特区"。

9 月 18 日，广东省政府决定将三个省属小厂 8500 厂、8532 厂、8571 厂同时迁入深圳，组建深圳华强电子工业公司（现华强集团公司）。与此同时，总参通信兵部也在深圳投资成立洪岭电器加工厂（现深圳电器有限公司）。第四机械工业部（现电子信息工业部）从广州 750 厂抽调组建深圳电子装配厂（现深圳爱华电子有限公司）。第三机械工业部（现航空工业总公司）在深圳设立中国航空技术进出口公司深圳办事处（现深圳中航集团）。以上四家是深圳建市后由两部委和广东省在深创办的第一批企业。

12月25日，广东省华侨农场管理局与香港港华电子企业公司合资组建广东省光明华侨电子工业公司，即深圳康佳集团股份有限公司，这是深圳工业的首家，也是我国电子工业第一家中外合资企业。

1980年
5月16日，党中央和国务院发出文件，批准了《广东、福建两省会议纪要》，把我国要办的特区正式定名为"经济特区"。
8月26日，全国人大常委会批准在深圳设立经济特区，深圳经济特区诞生。

1982年
1月，深圳市政府决定在全国率先撤销工业主管局，将一套人马两块牌子的工业局与工业公司一分为二成机械与电子两部分，市电子工业公司（后更名为市电子工业总公司）负责对市属电子行业企业和投资参股企业的管理。

1983年
9月27日，市委、市政府举行深圳大学成立暨首届开学典礼。深圳大学是深圳经济特区创办的第一所大学，创造了"当年筹办，当年招生，当年开学"的中国高等教育"深圳速度"。

1984年
12月27日，深圳市成立人才引进办公室，专事海外人才引进工作。

1985年
4月29日，深圳市人民政府与中国科学院签订协议，合作兴办深圳科技工业园。

1986年
4月10—20日，由国务院科技领导小组办公室、国家经委、国家科委、国防科工委、广东省政府、深圳市政府联合举办的中国深圳技术交易会举行。交易会期间，成交额达1300多万元。

1987 年

2月4日，深圳市人民政府制定了《深圳市人民政府关于鼓励科技人员兴办民间科技企业的暂行规定》，旨在充分发挥科技人员的积极性，促进科研与生产直接结合，繁荣特区经济。

11月24日，深圳市政府发出任命通知，向市电子集团公司等6家市属国营企业委派董事长。这是深圳市深化企业改革，实现所有权与经营权分离的一项新的尝试。

1988 年

1月17日，深圳大学举行1983级本科生毕业典礼，178名学生获毕业证书。这是深圳市自己培养出来的首批本科大学生。

4月7日，深圳发展银行发行的股票正式挂牌上市，该行遂成为我国第一家股票上市的银行。

1990 年

4月14日，世界首创的高科技成果"聚珍整合系统"在深圳开发完成。该系统是深圳科技工业园总公司电脑实验室和两仪文化科技有限公司，在我国台湾电脑专家朱邦复先生指导下，继"全汉字编码输入与字形输出技术"后的又一项重大突破。

6月25日，深圳交通自动化系统正式投入运行，标志着深圳的交通管理向现代化迈出了重大步伐。

1991 年

3月30日，被列为国家重点建设项目的深圳赛格日立彩管工程提前一个月建成，生产出第1只53厘米（21英寸）HS高性能平面直角彩色显像管。

6月7日，深圳市以《深圳经济特区大学中专毕业生就业合同管理暂行办法》为起点，进入了对高技术、高层次人才的吸引和人才政策配套阶段，为劳动密集型产业向资本密集型和技术密集型产业转型注入了新的动力。

7月3日，深圳证券交易所正式成立。

1992年

2月28日，深圳市第一只人民币特种股票（B股）——南方玻璃股份有限公司B股，在深圳证券交易所上市。它标志着深圳股市开始进入国际市场。

3月16日，深圳安科高技术有限公司成功研制我国第一个超导型磁共振成像系统。

4月，深圳首次以政府名义组团赴美国开展海外揽才活动。

5月16日，列入深圳市重点工程项目的"天马微电子公司三期工程"——引进日本E.H.C株式会社640×400液晶显示器生产线正式签约，这标志着我国液晶工业迈入国际先进水平。

8月8日，由市经协办、科技局联合组织的首届科技成果拍卖大会在市科学馆举行，当场成交7项成果，成交金额达95.2万元，为科技成果的商品化做出了有益的尝试。

11月28日，中国电子工业深圳总公司成立，从而迈出了中国电子工业总公司将其"经营中心"南移深圳的第一步。

1993年

3月22日，《深圳市企业登记管理规则》开始实施。从此，深圳市企业办理营业执照由向政府申报改为直接到工商部门申请登记注册。

5月22日，全国首家采用国内科研成果生产基因工程药物的产业化基地——科兴生物制品公司在深投产。

6月1日，市政府批转市劳动局《关于企业取消干部、工人身份界限，实行全员劳动合同制若干问题的意见》，这是深圳市深化企业劳动、人事制度改革的一项重大措施。

6月25日，以科技成果交易为龙头，包括交易、中介、评估、信息服务等机构组成的综合配套技术市场体系正式形成，这标志着深圳技术市场进入了新的发展阶段。

1994 年
2月25日，市政协三届二次全会决定，深圳市将在全国率先设立优秀青年科技奖励基金。

1995 年
10月5日，深圳市委、市政府发布《关于推动科学技术进步的决定》，明确"以高新技术产业为先导"的战略构想，义无反顾地走上发展高新技术产业的道路，进一步推动深圳科学技术进步，促进经济社会的持续、快速、健康发展。

10月12日，国内第一家城市合作商业银行——深圳城市合作商业银行在深圳成立。

1996 年
1月6日，市政府常务会议讨论并通过了《深圳市科学技术奖励基金管理暂行办法》和《关于市属国有企业第二次分类定级若干问题的报告》，决定设立市科学技术奖励基金和对市属国有企业进行第二次分类定级。

9月，在1985年与中科院共同创办的科技工业园的基础上，深圳市政府在深圳湾畔划了一块11.5平方公里的地方，成立高新区。深圳高新区成为国家建设世界一流高科技园区的六家试点园区之一，是"国家知识产权试点园区"和"国家高新技术产业标准化示范区"。

1997 年
4月13日，市政府确定高新技术产业园区发展目标为：建成国内一流、国际上有影响的高新技术园区。其产业规划重点是发展电子信息、生物工程、新材料、光机电一体化等产业，其中电子信息产业为重点支柱产业。

9月4日,时任深圳市市长李子彬主持召开了市政府二届第七十六次常务会议,决定成立"深圳市科技风险投资领导小组"和办公室,负责领导创建科技风险投资机制的工作,标志着深圳科技风险投资体系的创建工作正式拉开帷幕。

1998年

2月9日,深圳市人民政府做出《关于进一步扶持高新技术产业发展的若干规定》,推出22条得力措施,大力推动了高新技术产业发展。

4月,深圳市委、市政府决定由市政府出资并发起,分别创建深圳市高新技术创业投资公司及高新技术产业投资基金,尝试引导社会资金及境外投资基金投资深圳的高新技术产业。

11月12日,腾讯公司在深圳成立,是中国最早也是目前中国市场上最大的互联网即时通信软件开发商。

1999年

5月22日,深圳市与北京大学、香港科技大学联合,在深圳成立集产业发展、教学培训和科研开发于一体的深港产学研基地。

8月5日,深圳市引进高科技人才工作取得重大突破。中国工程院院士牛憨笨来到深圳大学,成为深圳市的第一位院士。

9月10日,深圳虚拟大学园开园,首批22所院校入驻,是我国第一个集成国内外院校资源,按照一园多校、市校共建模式建设的创新型产学研结合示范基地。

2000年

6月19日,"深圳数码港"正式揭牌,50多个IT(信息技术)企业首批进港,国家高新科技成果转化基地亦同时在数码港挂牌。

6月19日,市政府颁布《关于鼓励出国留学人员来深创业的若干规定》,吸引留学人员在深创业。

7月10日,为了进一步推动技术交易与成果转化的发展,全国第一个国家级常设技术市场网络平台——"火星863"网站在深圳南方国际技术交易市场投入运行。

9月，深圳市推出了高层次专业人才"1+6"政策，即深圳市《关于加强高层次专业人才队伍建设的意见》及其6项配套文件，其内容涉及人才认定、住房、配偶就业、子女入学、学术研修津贴、海外人才等各个方面的具体措施，为深圳市自主创新提供了有力的人才支撑。

9月6日，深圳市第一个由社会力量支持的科技奖励基金正式设立，港商余彭年为该基金捐资1000万元，其中一部分基金用于设立"彭年科技奖"，奖励对深圳科技进步有突出贡献的科技工作者及经营管理者。

10月11日，我国第一部地方性创业投资规章——《深圳市创业资本投资高新技术产业暂行规定》在深圳市正式颁布并实施。该规章是全国范围内最早一批科技金融方面的地区法规，旨在进一步吸引国内外创业资本投资高新技术产业，加快深圳市高新技术产业的发展。

2001年

7月25日，《中共深圳市委关于加快发展高新技术产业的决定》颁布。决定建设深圳高新技术产业带，扩大产业规模优势；突出高新技术产业发展重点，推动产业结构优化升级；完善区域技术创新体系，提高自主技术创新能力；发展创业资本市场，健全创业投资机制；加强人才队伍建设，夯实高新技术产业发展基础；培育崇尚创新的社会氛围，营造有利于科技创业的综合环境。

2002年

2月19日，深圳市目前规模最大、功能最完备、建筑最具特色的"孵化器"——深港产学研基地综合大楼正式投入使用。

3月1日，深圳市出台了《深圳市办理人才居住证的若干规定》，确定了户口不迁、关系不转、双向选择、自由流动的人才柔性引进机制，旨在吸引高素质人才来深工作，改善非深圳户籍人才在深工作、生活环境。

7月15日，新出台的《深圳市科学技术奖励办法》取代《深圳市科学技术进步奖励暂行办法》，市财政每年安排800万元作为市科技奖励经费，并首次明确规定设立"深圳市市长奖"作为全市科技进步最高奖。

10月16日，国内首个大型投资企业集团——深圳市创新投资集团正式成立。

2003 年

5月1日，深圳市对市属国有企业经营者开始全面推行年薪制，这是全市深化国有企业改革，进一步搞活国有企业的重大举措。

6月29日，中华人民共和国商务部安民副部长代表中央政府与香港特别行政区财政司梁锦松司长，共同签署了《内地与香港关于建立更紧密经贸关系的安排》，深港双方在协议中就加强两地在创新科技产业领域的合作，推动彼此之间的专业技术人才交流等合作模式，推动两地在知识产权保护领域的合作。

9月，以深圳市政府投入为主的北京大学、清华大学、哈尔滨工业大学三校深圳研究生院正式入驻大学城西校区办学，深圳市高层次人才载体建设不断突破。

10月5日，国家科技部最新公布的《全国科技成果统计年度报告》显示，深圳市2002年度登记科技成果272项，跃居全国第四位，首次在全国计划单列市及副省级城市中名列首位。

2004 年

1月16日，深圳市委、市政府发布《关于完善区域创新体系 推动高新技术产业持续快速发展的决定》，并提出"加强海内外科技交流与合作。市科技发展资金安排专项资金，用于资助与海内外的科技合作，鼓励企业通过各种方式进行海内外科技交流"。

2月4日，国家科技部已确定新版《国家高新技术产业开发区评价指标体系（试行）》，根据新的评价指标体系，深圳高新区在技术创新能力指标方面的排名仅次于北京，位居第二。

4月18日，清华大学深圳研究生院与袁隆平院士领导的国家杂交水稻工程技术研究中心正式签署了成立国家杂交水稻工程技术研究中心清华分中心的协议，在深圳推动新一代杂交水稻的产业化。

5月27日，"深交所中小企业板块启动仪式"在深圳举行。中国证券市场的制度创新和多层次资本市场建设翻开了具有历史意义的新篇章。

6月17日，深港两地政府签署"1+8"协议，"1"即《关于加强深港合作的备忘录》，"8"即深港在口岸基础设施、经贸、科技、教育、金融、环保、旅游、文化等8个具体方面的合作协议。"1+8"协议的签署表明深港合作首次上升到政府层面。

7月21日，深圳市政府出台《加强发展资本市场工作的七条意见》，进一步巩固和强化深圳资本市场服务全国的功能和地位。

2006 年

1月5日，深圳市委、市政府发布2006年1号文件《关于实施自主创新战略建设国家创新型城市的决定》，市政府还发布了《深圳市产业发展与创新人才奖暂行办法》。

3月14日，经深圳市第四届人民代表大会常务委员会第五次会议通过《深圳经济特区改革创新促进条例》，这是我国第一个在体制改革中制定的促进创新性法规。

2007 年

5月21日，深圳市政府与香港特别行政区政府在香港会展中心正式签署《香港特别行政区政府、深圳市人民政府关于"深港创新圈"合作协议》，标志着"深港创新圈"建设正式启动，深港合作进入更深层次、更宽领域、更高水平的新时期。

10月12日，国家科技部、广东省政府和深圳市政府在会展中心举行新闻发布会，向外发布《科技部、广东省人民政府、深圳市人民政府共建国家创新型城市框架协议》的有关内容。

2008 年

9月21日，深圳市政府出台《关于加强自主创新 促进高新技术产业发展的若干政策措施》，旨在进一步增强自主创新能力，提升高新技术产业发展水平，促进产业结构优化升级，加快国家创新型城市建设。

10月13日，国家知识产权局专利局深圳代办处在深圳高新区举行新址入驻揭牌仪式。

2009 年

1月30日,世界知识产权组织最新公布的数据显示,在2008年全球专利申请公司(人)排名榜上,中国深圳华为技术有限公司首次占据榜首。

3月6日,深港产学研基地科技企业孵化器被认定为"国家高新技术创业服务中心"。

3月31日,深圳市机器人产业协会在南山医疗器械产业园成立,这是国内首个机器人产业协会。

6月4日,国家发改委、国家科技部、中国科学院、深圳市政府决定在深圳共同建设"国家超级计算深圳中心"。

7月8日,中央批准5个国家海外高层次人才创新、创业基地落户广东,分别设在广州经济技术开发区、深圳高新技术产业园区、深圳华为技术有限公司、深圳中兴通讯股份有限公司和中科院深圳先进技术研究院。

10月30日,创业板首批公司上市仪式在深圳举行,中国多层次资本市场进一步完善。

2010 年

5月31日,国务院批复同意深圳经济特区范围扩大至深圳全市。

10月28日,深圳市委、市政府通过深圳经济特区关于引进海外高层次人才的"孔雀计划"。

2011 年

1月30日,国家发改委批复同意深圳依托华大基因研究院组建国家基因库,这是中国首次建立国家级基因库,首期投资为1500万元。

2月27日,深圳市高新技术产品产值首破万亿元,达1.02万亿元,比上年增长19.6%。深圳作为全国高新技术产业"重镇"的地位进一步凸显。

5月21日,深(圳)汕(尾)特别合作区成立,这标志着深圳"再造一个特区"、汕尾融入珠三角的发展战略正式启动。

5月25日，立足于深圳前海深港现代服务业的深圳市新产业技术产权交易所揭牌成立，该交易所旨在打造"技术产权银行"模式，逐步建成区域性统一互联的科技金融服务体系。

8月3日，深圳市云计算产学研联盟成立，推动深圳云计算发展的"鲲云计划"启动。

10月20日，科技部、中国人民银行、中国银监会、中国证监会、中国保监会联合下发了《关于确定首批开展促进科技和金融结合试点地区的通知》，深圳市等16个地区被确定为首批促进科技和金融结合试点地区，深圳科技金融政策制定开始进入"快车道"。

12月2日，深圳市政府出台《深圳市科学技术发展"十二五"规划》，是"十二五"期间深圳市科学技术发展的指导性文件和行动纲领。

12月20日，深圳市前海深港现代服务业合作区获得"国家海外高层次人才创新创业基地"授牌。

2012年

2月10日，深圳市科技创新委员会正式挂牌。

4月12日，深圳市常委会研究通过了《关于加强改善金融服务支持实体经济发展的若干意见》，从8个方面提出金融支持实体经济发展的24项举措。

4月24日，深圳市人民政府办公厅发布《深圳市促进知识产权质押融资若干措施》，旨在推进知识产权质押融资工作，切实解决我市中小企业融资难问题。

6月8日，深圳市科技金融服务中心挂牌，旨在为进一步发挥深圳市资源优势和成功经验，为科技金融创新探索新道路。

9月2日，南方科技大学成立大会暨2012年开学典礼在南方科技大学第一校区举行，这意味着承载中国高教改革重大使命的大学正式在深圳诞生。

11月2日，深圳市财政委员会制定了《深圳市科技研发资金管理办法》，旨在加强市科技研发资金管理，提高财政专项资金使用效益。

11月2日，深圳市出台了《关于促进科技型企业孵化载体发展的若干措施》《关于促进科技和金融结合的若干措施》《关于促进高技术服务业发展的若干措施》，以促进我市科技企业孵化载体建设，充分发挥科技对经济社会的支撑引领作用，构建充满活力的科技创新生态体系。

11月5日下午，深圳市召开全市科技创新大会，市委、市政府在会上正式发布了《关于努力建设国家自主创新示范区 实现创新驱动发展的决定》等"1+10"政策文件，争创国家自主创新示范区，以更大决心、更大力度加快实现创新驱动发展。

12月17日，中共深圳市委、深圳市人民政府推进《前海深港人才特区建设行动计划（2012—2015年）》的实施，力争前海人才政策和体制机制创新取得实质性突破，在人才集聚效应和发展环境上凸显比较优势，初步建设成为国际人才高度聚集、人才载体高度发达、人才组织高度活跃的现代服务业人才高地。

2013年

3月1日，深圳商事登记制度改革率先在全国启动，深圳就进行了一系列体制机制创新，从商事登记前置审批改为后置审批、仅保留12项前置审批，到实行注册资本认缴制、场地申报制、企业年报制、经营异常名录制度，降低了创业的门槛，激发了市场的活力。

5月30日，前海股权交易中心在深圳开业，首批挂牌企业1200家，业务品种达9类25项，战略合作机构71家，成为国内人气最旺、最具吸引力的OTC市场（场外交易市场）。

6月20日，中国科学院大学深圳先进技术学院在深圳揭牌成立。

6月24日，首个深港青年创新创业基地深圳南山云谷创新产业园揭牌。

11月26日，深圳市科技创新委员会、深圳市财政委员会出台了《深圳市科技研发资金投入方式改革方案》，为高技术产业创造良好的投融资环境，为创新驱动发展构建充满活力的综合创新生态体系。

2014年

5月28日，科技部批复同意《科技部深圳市人民政府共建国家技术转移南方中心方案》。这对深圳建设具有全球影响力的科技创新中心和我国建设创新型国家具有重要意义。

6月4日，深圳建设国家自主创新示范区获批。这是党的十八大后国务院批准建设的首个国家自主创新示范区，也是中国首个以城市为基本单元的国家自主创新示范区。

12月1日，深圳市公布《深圳市人才安居办法》，旨在加快实施人才强市战略，优化人口结构和创新创业环境。

2015年

1月9日，在北京人民大会堂举行的2014年度国家科学技术奖励大会上，由深圳高校、科研机构及企业主持或参与完成的17个项目获本年度国家科技奖，其中包括国家技术发明奖6项、国家科技进步奖11项。

1月12日，创新时代与深港机遇——2015中国深港创新论坛在深圳举行。

2月27日，广东省科技创新大会在深圳举行。

6月17日，深圳市政府正式出台《关于促进创客发展的若干措施（试行）》《促进创客发展三年行动计划（2015—2017年）》，从创客载体、服务、人才和项目等层次对创客创业给予支持。

6月18—22日，首届深圳国际创客周举办，全市6个区共举办45场活动，累计参与人数26.23万人次。

7月22日，深圳市人民政府出台了《深圳国家自主创新示范区建设实施方案》，稳步推进深圳国家自主创新示范区建设。

9月25日，《深圳市科技创新券项目实施办法（试行）》正式颁布，旨在完善深圳市综合创新生态体系，加快建设现代化国际化创新型城市。

10月21日，比亚迪公司在伦敦展示全球首辆纯电动双层公交大巴，并与当地公司签署合作协议。国家主席习近平、英国王子威廉在比亚迪公司董事长王传福陪同下参加电动双层大巴交付仪式。

11月28日，光启高等理工研究院超材料电磁调制技术国家重点实验室成功通过验收。这是中国第一个超材料技术国家重点实验室，也是全国177家依托企业建设的国家重点实验室之一。

12月15日，第17届中国专利奖在京揭晓，深圳市4项专利荣获中国专利金奖，在共20项中国专利金奖中占1/5，居各城市前列。

2016年

3月23日，深圳市出台了《关于支持企业提升竞争力的若干措施》，旨在提升深圳企业核心竞争力，鼓励企业做大做强做优，强化创新驱动，减轻企业负担，提高政府效能。

3月26日，深圳市出台了《关于促进科技创新的若干措施》，进一步激发各类创新主体的积极性和创造性，加快深圳建设更高水平的国家自主创新示范区和现代化国际化创新型城市的步伐。

5月5日，深圳市委常委会议原则通过《关于支持改革创新建立容错纠错机制的若干规定（试行）》，旨在营造一个宽松、宽容、和谐的干事创业环境。

6月20日，南方科技大学与诺贝尔化学奖得主、美国加州理工学院化学系教授罗伯特·格拉布斯签署了格拉布斯研究院合作备忘录，致力于将研究院建成世界领先的新医药、新材料、新能源领域的科研中心。

10月5日，深圳市制订了《深圳市促进科技成果转移转化实施方案》，加快推动科技成果转化为现实生产力。

10月14日，深圳市创新投资集团有限公司与深圳市财政委员会、深圳市引导基金投资有限公司签署协议，全面负责深圳市引导基金投资有限公司的管理工作。

12月5日，深圳证券交易所和香港联合交易所有限公司建立技术连接，深港通正式开通。

2017年

1月3日，深港合作会议在香港特别行政区政府总部举行。两地签署《关于港深推进落马洲河套地区共同发展的合作备忘录》，将在落马洲河套地区合作建设"港深创新及科技园"，推动其成为科技创新高端新引擎、深港合作新的战略支点与平台。

2月22日，由深圳参与建设的"未来网络试验设施重大科技基础设施"项目获得国家批准,这标志着深圳国家重大科技基础设施建设实现重大突破。2017年将启动4个基础研究机构、4个海外创新中心和3个制造业创新中心建设,加快建设未来产业集聚区,将来培育若干个千亿级产业集群。

4月10日,瓦谢尔计算生物研究院和科比尔卡创新药物与转化医学研究院同时成立。这是香港中文大学(深圳)组建的首批诺贝尔奖科学家研究院,也是深圳市政府计划引进的十个诺贝尔奖科学家实验室的其中两个。

5月9日,美国旧金山海外创新中心、英国伦敦海外创新中心、法国伊夫林海外创新中心、以色列特拉维夫—海法海外创新中心、加拿大多伦多海外创新中心等7家机构,正式成为深圳市首批授牌的海外创新中心。

5月10日,深圳市为龙岗阿波罗未来产业集聚区、南山留仙洞未来产业集聚区、龙华观澜高新园未来产业集聚区等首批7个未来产业集聚区集中授牌,力争这批发展基础较好、配套设施相对完善的未来产业集聚区,到2020年时取得明显成效。

6月28日,商务部副部长高燕与香港特别行政区政府财政司司长陈茂波在香港签署了内地与香港《CEPA投资协议》和《CEPA经济技术合作协议》。两个协议自签署之日起生效,其中《CEPA投资协议》将于2018年1月1日起正式实施。在协议中,两方政府就进一步加强在创新科技领域的合作达成共识。

8月21日,《深圳经济特区人才工作条例》公布,每年11月1日为"深圳人才日",自2017年11月1日起施行,成为指导深圳市人才工作的一个较为全面、效力层级较高、可为统领的地方性法规。

10月18日,习近平总书记在十九大报告中强调加快建设创新型国家的步伐,突出关键共性技术、前沿引领技术、现代工程技术、颠覆性技术创新。深化科技体制改革,建立以企业为主体、市场为导向、产学研深度融合的技术创新体系。倡导创新文化,强化知识产权创造、保护、运用。

主要参考文献

《2018年国务院政府工作报告》，第十三届全国人民代表大会第一次会议，2018年3月5日。

安纳利·萨克森宁：《地区优势：硅谷和128公路地区的文化与竞争》，曹蓬、杨宇光等译，上海远东出版社2000年版。

[美] 彼得·F.德鲁克：《后资本主义社会》，傅振焜译，东方出版2009年版。

《百家创新孵化器：量多如何质优?》，《南方日报数字报》2015年7月27日，南方网。

曹龙骐等：《深圳证券市场的发展、规范与创新研究》，人民出版社2010年版。

曹龙骐等：《深圳证券市场形成和发展背景考辨》，《中国经济特区研究》2011年1月1日。

陈搏：《经济新常态下的政府新职能：社会知识管理职能》，《特区经济》2017年第1期。

陈汉欣：《深圳高新技术产业的发展与布局》，《经济地理》2002年第3期。

陈强：《主要发达国家的国际科技合作研究》，清华大学出版社2015年版。

陈姝、樊建平：《全球寻找"千里马"》，《深圳商报》2015年8月25日。

陈湘桂：《两广经济发展实证分析及对策研究》，《改革与战略》1998年第3期。

陈钰芬：《开放式创新：机理与模式》，科学出版社2008年版。

程宏璞：《深圳和香港的合作机制及其改进》，硕士学位论文，复旦大学，2013年。

戴宁：《企业技术创新生态系统研究》，博士学位论文，哈尔滨工程大学，2010年。

戴湘云等：《多层次资本市场中的"新三板"对高新科技园区经济发展作用分析与实证研究——以中关村科技园区为例》，《改革与战略》2013年第12期。

段勇兵：《为科技创新插上金融翅膀——深圳金融支持科技创新作法对我省的借鉴》，《今日海南研究》2017年第1期。

方斐：《中国国有商业银行境外机构的经营策略研究》，硕士学位论文，浙江大学，2009年。

方胜华：《深圳科技工业园发展自主知识产权高新技术产业的实践》，《高科技与产业化》2001年第2期。

房汉廷：《关于科技金融理论、实践与政策的思考》，《中国科技论坛》2010年第11期。

费明钰等：《人类脑计划：21世纪的重大挑战——主要国家和企业脑科学研究计划分析》，《华东科技》2014年第6期。

冯立果：《从"大"走向"伟大"——2017中国企业500强分析报告》，《企业管理》2007年第9期。

辜胜阻、杨嵋、庄芹芹：《创新驱动发展战略中建设创新型城市的战略思考——基于深圳创新发展模式的经验启示》，《中国科技论坛》2016年第9期。

顾焕章等：《信贷资金支持科技型企业的路径分析与江苏实践》，《金融研究》2013年第6期。

国世平主编：《深港高科技合作的10大趋势》，海天出版社2002年版。

国务院：《国家创新驱动发展战略纲要》，2016年5月19日。

国务院：《新一代人工智能发展规划》，2017年7月8日，中国政府网。

韩靓：《人才供给侧改革的深圳实践》，《特区实践与理论》2017年第6期。

何佳声：《深圳经济特区高新技术产业发展的理论思考》，《特区经济》

1999年9月15日。

胡斌、李旭芳：《复杂多变环境下企业生态系统的动态演化及运作研究》，同济大学出版社2013年版。

胡斌：《企业生态系统的动态演化及运作研究》，博士学位论文，河海大学，2006年。

胡谋：《深圳兴建高新技术产业带》，《人民日报》2001年12月28日。

胡援成等：《科技金融的运行机制及金融创新探讨》，《科技进步与对策》2012年第23期。

黄福广等：《创业投资对中国未上市中小企业管理提升和企业成长的影响》，《管理学报》2015年第2期。

黄顺：《劳动工资改革成功源于调查研究》，《深圳商报》2010年9月5日。

季崇威：《中国大陆与港澳台地区经济合作前景》，人民日报出版社1996年版。

姜静等：《青岛市科技创新载体分布现状》，《中国科技信息》2016年第22期。

焦津洪：《借力资本市场发展战略性新兴产业》，《深圳特区报》2017年7月23日。

金振蓉、易运文：《深圳科研产业为什么行》，《光明日报》2012年5月14日。

［美］凯文·凯利：《失控：机器、社会与经济的新生物学》，新星出版社2010年版。

李刚等编著：《中国对外贸易史·下卷》，中国商务出版社2015年版。

李洁尉、廖生初：《发展广东高新技术产业依靠国内科技力量与技术引进的问题》，《科技管理研究》1990年第1期。

李万、常静、王敏杰等：《创新3.0与创新生态系统》，《科学学研究》2014年第12期。

李万全：《从"创新中心"的转移所想到的》，《企业文明》2006年第5期。

李新安：《产业集群合作创新优势的演变机制研究》，《科技进步与对策》

2017 年第 2 期。

李永华：《坚持自主创新战略的深圳实践》，《行政管理改革》2016 年第 9 期。

李振国：《区域创新系统演化路径研究：硅谷、新竹、中关村之比较》，《科学学与科学技术管理》2010 年第 6 期。

李钟文等：《硅谷优势：创新和创业精神的栖息地》，人民出版社 2002 年版。

李子彬：《贯彻落实全国和全省科技大会精神　促进深圳市科技、经济和社会发展》，《深圳特区科技》1995 年第 4 期。

林祎珊：《南方科技大学治理结构研究》，硕士学位论文，暨南大学，2016 年。

凌国平主编：《国际科技合作与交流案例教程》，上海大学出版社 2001 年版。

刘冰峰：《新兴产业集群知识合作创新研究》，华中科技大学出版社 2015 年版。

刘容欣等：《深圳人才发展环境研究》，《第一资源》2013 年第 3 期。

刘雪芹、张贵：《创新生态系统：创新驱动的本质探源与范式转换》，《科技进步与对策》2016 年第 20 期。

刘应力：《深圳高新区自主创新的基本特征和思路》，《中国高新区》2015 年第 11 期。

刘宇濠等：《深圳虚拟大学园创新生态系统初探》，《特区经济》2016 年第 6 期。

柳卸林等：《基于创新生态观的科技管理模式》，《科学学与科学技术管理》2015 年第 1 期。

龙海波、杨超：《区域创新生态体系建设的探索与思考》，《发展研究》2014 年第 11 期。

卢志高：《深圳房地产业的困境与出路》，《中外房地产导报》1994 年第 24 期。

马洪：《中国华南沿海地区经济合作研讨会开幕词》，《改革》1991 年第 2 期。

马云：《第八届云栖大会主旨演讲》，2017年10月11日，搜狐网。

梅亮等：《创新生态系统：源起、知识演进和理论框架》，《科学学研究》2014年第12期。

倪坚等：《大学生创业系列谈：创业之"How much"》，《职业》2009年第21期。

綦伟：《认真学习贯彻党的十九大精神　坚决把人才优先发展作为城市发展核心战略》，《深圳特区报》2017年11月2日。

秦洪花：《国内外企业研发中心的发展模式及我国发展对策与建议》，《中国科技成果》2013年第17期。

人民出版社编：《"十三五"国家科技创新规划》，人民出版社2016年版。

阮建青等：《产业集群动态演化规律与地方政府政策》，《管理世界》2014年第12期。

上海市经信委、上海发展战略研究所联合调研组：《深圳制造业创新能力建设经验借鉴与启示》，《科技发展》2016年第7期。

深科技（DeepTech）：《美国陆军发布20项重大科技趋势，将在未来30年改变世界》，2016年12月10日（http：//www.thepaper.cn/newsDetail_forward_1562446）。

深圳市科技创新委员会：《打造"中国硅谷"——深圳创新驱动发展情况综述》，《中国科技奖励》2016年第11期。

深圳市南山区科技创业服务中心课题组：《深圳创新人才激励机制及政策研究》，2012年9月。

深圳市委政策研究室和市科委联合考察组：《加强深港科技合作　推动深圳产业升级——深港科技合作的赴港考察报告》，《特区实践与理论》1990年第2期。

深圳市政府：《7件"过时"政府规章被废除》，《深圳政府公报》，2003年12月17日，新华网。

沈超、郑霞：《新型研发机构助力广东创新驱动发展》，《广东科技》2015年第10期。

沈元章等主编：《特区经济问题》，广东人民出版社1989年版。

隋映辉：《科技创新生态系统与"城市创新圈"》，《社会科学辑刊》2014

年第 2 期。

［日］藤田昌久、［美］克鲁格曼、［英］维纳布尔斯：《空间经济学 城市、区域与国际贸易》，中国人民大学出版社 2013 年版。

唐杰：《"新常态"增长的路径和支撑——深圳转型升级的经验》，《开放导报》2014 年第 6 期。

唐晓华：《企业管理传承性创新的理论与经验研究——基于资源基础理论的分析视角》，《产业经济评论》2010 年第 3 期。

滕光进等：《香港产业结构演变与城市竞争力发展研究》，《中国软科学》2003 年第 12 期。

涂颖清：《全球价值链视野下我国制造业升级研究》，江西人民出版社 2015 年版。

王福谦：《深圳人才人事制度改革探索三十年》，《南方论丛》2010 年第 3 期。

王海荣：《创新沃土，东方硅谷》，《深圳商报》2017 年 8 月 16 日。

王洪军：《高校柔性引进高层次人才的现状及问题分析》，《人才资源开发》2016 年第 16 期。

王金根：《深圳人才政策的核心价值》，《深圳特区报》2010 年 7 月 9 日。

王喜义：《深圳股市的崛起与运作》，中国金融出版社 1992 年版。

王艳：《创新合作模式 促进和谐发展——深圳大学城产学研合作实践探索与创新发展》，《中国高校科技》2018 年第 11 期。

王一鸣：《企业博士后科研工作站再探讨——产学研合作的深化与创新模式的会聚》，《科学管理研究》2013 年第 4 期。

王勇、王蒲生：《新型科研机构模型兼与巴斯德象限比较》，《科学管理研究》2014 年第 6 期。

王阅微：《深港金融合作研究》，博士学位论文，吉林大学，2011 年。

魏达志：《深圳电子信息产业的改革与创新》，商务印书馆 2008 年版。

魏达志：《塑造崭新的市场经济微观主体——深圳民营科技企业发展的基本状况、态势与特点》，《特区经济》2003 年第 4 期。

魏达志主编：《深圳高科技与中国未来之路丛书》，海天出版社 2000 年版。

闻坤：《未来产业成为深圳经济新引擎》，《深圳特区报》2017 年 4 月

24日。

吴汉荣等：《以色列技术孵化器私有化模式的理论分析及启示——基于交易成本经济学的视角》，《科技管理研究》2012年第18期。

吴金希：《创新生态体系的内涵、特征及其政策含义》，《科学学研究》2014年第1期。

吴丽娟：《深圳清华研究院的"四不像"之路》，《深圳特区科技》2005年第2期。

吴忠：《论深圳文化的特色与定位》，《产经评论》2004年第1期。

习近平：《决胜全面建成小康社会　夺取新时代中国特色社会主义伟大胜利——在中国共产党第十九次全国代表大会上的报告》，人民出版社2017年版。

谢绍明：《特区建设中一支不可忽视的科技力量——深圳市民间科技企业调查报告》，《科技进步与对策》1991年第6期。

许宏强：《构建深港科技创新圈　打造世界级科技创新中心》，《国家治理》2015年第14期。

许勤：《深圳将设创客国际舞台》，《南方日报数字报》2015年3月12日，南方网。

许勤：《完善综合创新生态体系　加快建设国际化创新中心》，《中国科技产业》2014年第12期。

晏敬东等：《基于生命周期理论的微博舆情引控研究》，《情报杂志》2017年第8期。

杨婧如：《深圳"掘金"湾区经济》，《深圳特区报》2014年3月7日。

叶玲飞：《江苏省科技金融促进技术创新的作用研究》，博士学位论文，中共江苏省委党校，2015年。

叶民辉、赵善游：《深圳科学技术呈全方位发展新格局》，《深圳特区科技》1994年第2期。

于沛、赵善游：《深圳科技事业在开拓中迅速发展》，《深圳特区科技》1995年第2期。

于维栋、邓寿鹏：《我国高技术产业化调查及政策思考——东北、华东、华南十六城市》，《管理世界》1990年第3期。

袁永等：《深圳市促进科技金融发展的经验做法及启示》，《广东科技》2015年第24期。

曾国屏等：《从"创新系统"到"创新生态系统"》，《科学学研究》2013年第1期。

曾节：《深圳科技工业园的宝贵探索和有待解决的问题》，《特区经济》1991年第4期。

张邦钜：《台湾经济研究选集》，九州出版社2015年版。

张鸿义：《深圳金融中心建设的总结、评价与展望》，《开放导报》2015年第2期。

张佳彬：《弹丸小国以色列何以称雄中东》，《华人时刊》2002年第3期。

张璐晶：《华为靠什么在墨西哥立足？》，《中国经济周刊》2015年第20期。

张曙红：《培育创新文化，营造创新环境》，《经济日报》2011年5月6日第1版。

张溯：《深圳特区实行计划经济与市场调节相结合的几个问题》，《计划经济研究》1991年第11期。

张晓青：《创新：全球提升国力的竞赛》，《创新科技》2016年第5期。

张翼翼：《从深圳科技工业园的实践探讨中国发展高技术开发区的道路》，《中国科学院院刊》1998年第3期。

张志彤：《战略性新兴产业的技术系统与创新载体研究》，博士学位论文，电子科技大学，2014年。

赵昌文、陈春发、唐英凯：《科技金融》，科学出版社2009年版。

赵放、曾国屏：《多重视角下的创新生态系统》，《科学学研究》2014年第12期。

赵剑波：《脑科学对信息与智能产业影响巨大》，《上海证券报》2017年10月17日。

赵天奕：《雄安新区建设思路与策略——基于深圳特区、上海浦东新区开发开放建设经验的视角》，《河北金融》2017年第10期。

郑英隆：《关于九十年代粤港高技术产业合作问题》，《科技管理研究》1991年第5期。

中共深圳市委、深圳市人民政府：《关于促进人才优先发展的若干措施》，2016年3月23日。

中国科技发展战略研究小组、中国科学院大学：《中国区域创新能力评价报告2017版》，科学技术文献出版社2017年版。

钟坚：《"深圳模式"与深圳经验》，《深圳大学学报》（人文社会科学版）2010年第27期。

周路明：《深圳民办科研机构探路"源头创新"动力机制》，《21世纪经济报道》2015年3月2日。

周轶昆：《深圳经济特区发展历程的回顾与分析》，《改革与开放》2018年第4期。

庄宇辉：《深圳经验丰富了中国特色社会主义理论——访中国社会科学院原副院长、深圳市政府高级顾问刘国光》，《深圳特区报》2010年11月30日第A7版。

《自主创新为深圳发展提供澎湃动力》，《人民日报》2016年5月18日，新华网。

De Beaver D., Rosen R., "Studies in Scientific Collaboration: Part II. Scientific Co-authorship, Research Productivity and Visibility in the French Scientific Elite, 1799–1830", *Scientometrics*, Vol. 1, No. 2, 2000.

Moore J. F., *The Death of Competition: Leadership and Strategy in the Age of Business Ecosystems*, New York: Harper Business, 1996.

OECD, *The Knowledge Based Economy and The National Innovation System*, 1996–1997.

PCAST, *Sustaining The Nation's Innovation Ecosystems: Information Technology Manufacturing and Competitiveness*, 2004.

后　　记

　　深圳科技创新40年的发展历程是一部传奇色彩非常浓厚的历史，其中蕴含着太多可歌可表的创造性实践和理论创新。承蒙深圳市社会科学联合会的厚爱，将"深圳科技创新之路"项目委托给课题组，课题组全体成员深感责任重大，起初还有些许忐忑不安，但经过多次调研和参阅大量的珍贵文献，再结合与深圳一起成长的多位专家的指点，大家心中渐渐达成了共识，最终落笔成稿。从方案到成稿，经历了一次次交流讨论，一次次审阅修改，凝聚了方方面面的努力和心血，终于以飨读者。本书认真贯彻落实党的十九大精神和习近平总书记对广东工作重要批示精神，全面总结改革开放以来深圳科技创新发展历程及主要经验，为深圳改革开放40周年献礼。

　　本课题由南方科技大学博士生导师王苏生主持。编写成员有陈搏、李小芬、李易航、黄杰敏、段宇宙、李梓龙、胡明柱、肖雅洁、李密、齐晓冰、张镜茹等。陈搏博士主要负责导论、第二章、第三章和第八章，李小芬博士主要负责第一章，胡明柱博士主要负责第四章，李梓龙博士主要负责第五章，段宇宙老师主要负责第六章，李易航博士主要负责第七章，王苏生教授负责最终统稿。

　　在本书的研究和写作过程中，深圳市社会科学联合会给予了大力支持并提出了宝贵建议，深圳著名学者陶一桃教授、查振祥教授、魏达志教授、李力教授、李会教授、许鲁光研究员、张克科研究员、莫大喜研究员、王晓津博士和廖元赫博士等专家给予了宝贵的意见。在此对关心和支持本书写作的各位专家和学者表示诚挚的谢意。

深圳科技创新可总结的理论和经验太多，限于课题组成员的知识和经验，错误与遗漏在所难免，不妥之处敬请读者批评指正！

"深圳科技创新之路"课题组

2018 年 8 月